Wissenschaftliche Taschenbücher

Ulrich Behrens
Manfred Ringpfeil
Mikrobielle Polysaccharide

Rolf Borsdorf
Manfred Scholz
**Spektroskopische Methoden
in der organischen Chemie**

Hans Dawczynski
**Temperaturbeständige Faserstoffe
aus organischen Polymeren**

Hans Dawczynski
**Temperaturbeständige Faserstoffe
aus anorganischen Polymeren**

Werner Döpke
**Stereochemie
organischer Verbindungen**

Martin Finke / Walter Leipnitz
Moderne Methoden der Erdölanalyse

Erich Gundermann
**Chemie und Technologie
des Braunkohlenteers**

Werner Haberditzl
Magnetochemie

Siegfried Hauptmann
**Über den Ablauf
organisch-chemischer Reaktionen**

Horst Kehlen / Frank Kuschel
Horst Sackmann
Grundlagen der chemischen Kinetik

Gerhard Kempter
Struktur und Synthese von Vitaminen

Peter Krumbiegel
Isotopieeffekte

Klaus Kühne
Werkstoff Glas

Dieter Merkel
Riechstoffe

Dieter Onken
Steroide

Joachim Riemer
Quantitative organische Mikroanalyse

Rolf Schöllner
**Die Oxydation
organischer Verbindungen
mit Sauerstoff**

Wolfgang Wagner
Chemische Thermodynamik

Günther Wagner
Hans Kühmstedt
Pharmazeutische Chemie

Reihe MATHEMATIK / PHYSIK

Hans Bandemer
Andreas Bellmann
Wolfhart Jung / Klaus Richter
Optimale Versuchsplanung

Dietrich Bender
Ernst-Egon Pippig
Einheiten, Maßsysteme, SI

Wolfram Brauer
Hans-Waldemar Streitwolf
**Theoretische Grundlagen
der Halbleiterphysik**

Siegfried Brehmer
Einführung in die Maßtheorie

Ferdinand Cap
Einführung in die Plasmaphysik
I. Theoretische Grundlagen

Ferdinand Cap
Einführung in die Plasmaphysik
II. Wellen und Instabilitäten

Ferdinand Cap
Einführung in die Plasmaphysik
III. Magnetohydrodynamik

Vorschau auf die nächsten Bände:

K. Ch. Delokarov
Relativitätstheorie und Materialismus

Helmut Hess
**Der elektrische Durchschlag
in Gasen**

Wilhelm Kämmerer
**Kybernetik — eine Einführung
auf naturwissenschaftlicher Grundlage**

V. I. Karpman
Nichtlineare Wellen

Regine Witkowski
Falko H. Herrmann
Einführung in die klinische Genetik

BAND 153

Frank Beichelt

Prophylaktische Erneuerung von Systemen

Einführung in mathematische Grundlagen

Mit 14 Abbildungen

AKADEMIE-VERLAG · BERLIN

Reihe MATHEMATIK UND PHYSIK

Herausgeber:
Prof. Dr. phil. habil. W. Holzmüller, Leipzig
Prof. Dr. phil. habil. A. Lösche, Leipzig
Prof. Dr. phil. habil. H. Reichardt, Berlin
Prof. Dr. phil. habil. K. Schröder, Berlin
Prof. Dr. phil. habil. K. Schröter, Berlin
Prof. Dr. rer. nat. habil. H.-J. Treder, Potsdam

Verfasser:

Dr. rer. nat. F. Beichelt

Bergakademie Freiberg

1976
© Akademie-Verlag Berlin 1976
Lizenznummer: 202 · 100/416/76
Herstellung: VEB Druckhaus „Maxim Gorki", 74 Altenburg
Bestellnummer: 761 9943 (7153) · LSV 1075
DDR 8,— M
ISBN 978-3-528-06813-4   ISBN 978-3-322-86169-6 (eBook)
DOI 10.1007/978-3-322-86169-6

Vorwort

Mit dem Anwachsen des Potentials an technischen Systemen und Anlagen in allen Bereichen der Volkswirtschaft erhöhen sich zwangsläufig die materiellen Aufwendungen für deren Instandhaltung. Daher gewinnt das Problem der effektiven Organisation von Instandhaltungsprozessen zunehmend an Bedeutung.

Ein Hauptweg zur Lösung dieser Problematik ist die Durchsetzung des Prinzips der planmäßig vorbeugenden Instandhaltung. Denn auf Grund der Tatsache, daß der Betriebsablauf, insbesondere das Ausfallverhalten technischer Systeme i. a. keinen deterministischen Gesetzmäßigkeiten genügt, schützt die vorbeugende Instandhaltung weitgehend vor unerwarteten Ausfällen bzw. Havarien und erhöht so die Planbarkeit der Instandhaltungsprozesse. Damit sind aber wesentliche Voraussetzungen für eine effektive Organisation der Instandhaltungsprozesse durch Fixierung günstiger Zeitpunkte für die Durchführung prophylaktischer Maßnahmen sowie des Umfangs und des Standorts von Instandhaltungskapazitäten gegeben.

Wissenschaftlich begründete Entscheidungen in dieser Hinsicht können in vielen Fällen mit Hilfe mathematischer Modellbildung getroffen werden. In dieser Richtung liegen in der DDR gute Erfahrungen vor allem aus der chemischen Industrie, der Braunkohlenindustrie und dem Verkehrswesen vor.

In diesem Band werden mathematische Grundlagen und Standardmodelle vorgestellt, die auf die optimale Wahl des Zeitpunkts der Durchführung prophylaktischer Maßnahmen (Erneuerungen, Inspektionen) zugeschnitten sind. Natürlich ist es auf Grund der mannigfachen Strukturen technischer Systeme und ihrer zugehörigen technologischen Betriebsregimes nicht möglich, für jede praktische Situation ein geeignetes Modell anzugeben, zumal auch auf Grund der gegenwärtig sprunghaft anwachsenden Fachliteratur kein Buch dieses Umfanges einen umfassenden Literaturüberblick geben kann. Die beschriebenen Modelle können aber zumindest als mathematische und methodische Grundlage für die Modellierung zahlreicher praktischer Situationen dienen.

Ich möchte an dieser Stelle die Gelegenheit wahrnehmen und meinen akademischen Lehrern, den Herren Professoren P. FRANKEN, J. KERSTAN und K. NAWROTZKI, die mich bereits vor über zehn Jahren zur Beschäftigung mit der in diesem Band abgehandelten und jetzt so überaus aktuellen Problematik anregten, herzlich danken.

Dank gebührt ebenso Herrn Prof. O. BEYER, dessen Hinweise wesentlich zur Verbesserung des Manuskripts beigetragen haben. Dem Akademie-Verlag, insbesondere Frau Dipl.-Math. R. HELLE, danke ich für die gute Zusammenarbeit.

Nicht zuletzt möchte ich die sorgfältige Anfertigung des Manuskripts durch Frau R. HOCHBERGER hervorheben.

Halle-Neustadt, August 1976   F. BEICHELT

Inhaltsverzeichnis

1. Einführung

Alle technischen Anlagen bzw. Bauteile unterliegen während ihres Betriebsprozesses mehr oder weniger dem Verschleiß, der zur Abnahme der Leistungsfähigkeit, zu Qualitätsverlusten oder schließlich zum gänzlichen Ausfall der Anlagen führen kann. Daher sind, um einen möglichst kontinuierlichen Produktionsablauf zu gewährleisten, spezielle Maßnahmen zur Erhaltung bzw. Wiederherstellung des Gebrauchswertes technischer Anlagen erforderlich. Die Gesamtheit aller dieser Maßnahmen bezeichnen wir als *Instandhaltung*. Der Einsatz immer komplizierterer und umfangreicherer technischer Systeme in der Industrie, in der Landwirtschaft, im Verkehrs- und Militärwesen führt zwangsläufig zu einer ständigen Erhöhung des Aufwandes für die Instandhaltung. Die Instandhaltungskosten machen gegenwärtig nicht selten (etwa im Braunkohlenbergbau und in der chemischen Industrie) 30—50% der Selbstkosten eines Werkes aus.

In diesen Fällen ist die rationelle Organisation des Instandhaltungsprozesses ein technologisches Hauptproblem, das vor allem durch rationelle Organisation der Instandhaltungsmaßnahmen gelöst werden kann. Wir unterscheiden grundsätzlich zwei Arten von Instandhaltungsmaßnahmen:

1. Unplanmäßige Maßnahmen, die beim Auftreten von unvorhergesehenen Störungen (Havarien) notwendig werden.

2. Planmäßige Maßnahmen, die Havarien vorbeugen sollen.

Die planmäßigen Maßnahmen unterteilen wir in

— Wartung und Pflege,
— Inspektionen,
— vorbeugende Reparaturen.

Die optimale Planung von Instandhaltungsmaßnahmen reduziert sich daher im wesentlichen auf das Problem der optimalen Planung von Inspektionen und vorbeugenden Reparaturen. Die Lösung dieses Problems kann in vielen Fällen durch eine geeignete mathematische Modellbildung erfolgen oder zumindest erleichtert werden. In diesem Band werden eine Reihe von mathematischen Modellen vorgestellt, die zur Beschreibung zahlreicher in der Instandhaltungspraxis auftretender Standardsituationen dienen können. Dabei ist es für unsere Untersuchungen prinzipiell gleichgültig, ob eine unvorhergesehene Störung, die wir im folgenden stets als *„Ausfall"* bzw. als *„Versager"* bezeichnen, auf mechanischen oder elektrischen Verschleiß bzw. auf Korrosion zurückzuführen ist. Wir setzen jedoch stets voraus, daß das Eintreten eines Versagens einen augenblicklichen Vorgang darstellt. Diese Voraussetzung ist zunächst sicher dann nicht erfüllt, wenn (totale) Ausfälle eines Systems nicht möglich sind, dafür aber seine Arbeitsweise mit steigender Betriebszeit durch allmählichen Leistungsrückgang, durch Qualitätsminderung, allgemein, durch Verschlechterung eines die Arbeit des Systems charakterisierenden Parameters (bzw. Parametervektor) gekennzeichnet ist. Häufig kann jedoch dieser Fall auf den von uns untersuchten zurückgeführt werden, wenn ein zulässiger Parameterbereich vorgegeben wird und ein Verlassen dieses Bereiches als Versager des Systems aufgefaßt wird. Die Zeit von der Inbetriebnahme eines Systems bis zu seinem Ausfall (unter Ausschaltung von planmäßigen Instandhaltungsmaßnahmen, ausgenommen eventuell Wartung, Pflege und Inspektion) bezeichnen wir als *Lebenszeit* des Systems (vgl. TGL [131].) Sie wird den praktischen Gegebenheiten entsprechend als zufällige Größe vorausgesetzt.

Eine theoretische Grundlage für die nachfolgenden Untersuchungen bildet die Erneuerungstheorie, deren wichtigste Ergebnisse den Inhalt des Abschnitts 3 bilden. Gemäß der in dieser Theorie eingebürgerten Terminologie werden wir im folgenden alle vorbeugenden Reparaturen als *Erneuerungen* bezeichnen. Dabei unterscheiden wir entsprechend unserer grundsätzlichen Differenzierung der Instandhaltungsmaßnahmen zwischen *Havarieerneuerungen* (HE) und *prophylaktischen Erneuerungen* (PE). Eine Zwischenstellung nehmen dabei die sogenannten *prophylaktischen Havarieerneuerungen* (PHE) ein. Sie treten z. B. dann auf, wenn nach dem Ausfall eines Bauteils eines Systems das betreffende Bauteil durch eine HE erneuert wird und dabei gleichzeitig nichtausgefallene Bauteile des Systems prophylaktisch erneuert werden (*Baugruppenerneuerung*). Erneuerungen können ferner sowohl *vollständig* als auch *unvollständig* (VE bzw. UE) sein. VE liegen vor, wenn das erneuerte System (bzw. Bauteil) nach der Eneuerung das gleiche statistische Ausfallverhalten aufweist wie bei seiner Inbetriebnahme, während bei UE diese Voraussetzung nicht erfüllt ist. Speziell fordern wir, daß das System nach einer UE das gleiche statistische Ausfallverhalten zeigt wie unmittelbar vor dem betreffenden Ausfall des Systems. Daher sind PE, die den Charakter von unvollständigen Erneuerungen tragen, von vornherein unzweckmäßig. Instandhaltungsstrategien, die sich nur auf die Planung von Erneuerungen beschränken, werden wir dementsprechend auch als *Erneuerungsstrategien* bezeichnen. Dabei verstehen wir unter einer *Instandhaltungsstrategie* eine, i. a. aus technologischen Erfordernissen resultierende, prinzipielle Vorschrift zur Durchführung prophylaktischer Maßnahmen.

Die Planung von PE ist sicher nur dann sinnvoll, wenn das instandzuhaltende System Verschleiß- bzw. Alterserscheinungen ausweist, die einen Ausfall des Systems begünstigen. Derartige Erscheinungen treten zumindest nach einer hinreichend großen Betriebszeit technischer Systeme auf. Für die theoretische Analyse von Instandhaltungsprozessen ist es daher notwendig, dem Begriff der *Alterung* eines Systems ein befriedigendes mathematisches Analogon zu geben. Dieses Problem wird im Abschnitt 2 behandelt. Der Hauptinhalt dieses Bandes besteht jedoch darin, im Rahmen der beschriebenen Modelle bzw. Instandhaltungsstrategien geeignete Optimalitätskriterien anzugeben und die zugehörigen optimalen Instandhaltungsstrategien zu berechnen. Als Optimalitätskriterium dienen folgende Kenngrößen:

— *durchschnittliche (Gewinn-) Verlustkosten je Zeiteinheit*
— *Verfügbarkeit (Koeffizient der Betriebsbereitschaft) des Systems.*

Das ist die Wahrscheinlichkeit dafür, das System an einem zufällig herausgegriffenen Zeitpunkt im arbeitenden bzw. arbeitsfähigen Zustand anzutreffen. Sie ist damit gleich dem mittleren Anteil der Lebenszeit des Systems je Zeiteinheit seiner Gesamtbetriebszeit:

— *Erwartungswert (Mittelwert) der Lebenszeit des Systems.*

Die mittlere Lebenszeit bietet sich als Optimalitätskriterium besonders für Systeme mit Reserveelementen an (s. Abschnitt 6.2.1). Für einfache Systeme (d. h. für „Systeme", die nur aus einem Element bestehen, bzw. für Systeme, die als eine Einheit aufgefaßt werden, s. Abschnitt 4) ist die mittlere Lebenszeit als Optimalitätskriterium nicht geeignet. Dabei verstehen wir hier und im folgenden unter einem *Element* den vom Standpunkt der Instandhaltung her kleinsten Bauteil eines Systems.

Im folgenden führen wir noch einige Begriffe und Bezeichnungen ein, die später ständig benötigt werden. Sie sind gleichermaßen für Elemente wie für Systeme definiert, so daß wir uns darauf beschränken können, sie für Elemente zu formulieren. Es sei X die zufällige Lebenszeit eines Elements. Ihre Verteilungsfunktion bezeichnen wir mit $F(t)$, d. h., es ist $F(+0) = 0$ und

$$F(t) = \mathsf{P}(X < t)$$

für $t > 0$. Die zugehörige Verteilungsdichte bezeichnen wir im Falle ihrer Existenz mit $f(t)$. Nach Definition besteht also der Zusammenhang $f(t) = F'(t)$ bzw.

$$F(t) = \int\limits_0^t f(x)\, \mathrm{d}x.$$

Unter der *Zuverlässigkeit* eines Elements bzw. Systems verstehen wir in diesem Band die Wahrscheinlichkeit dafür, daß es im Intervall $(0, t)$ nicht ausfällt (vgl. TGL [131]). Daher ist sie durch

$$\bar{F}(t) := 1 - F(t)$$

gegeben. Die Zuverlässigkeit eines Elements ist somit eine Funktion der Zeit, so daß man genauer auch von *Zuverlässigkeitsfunktion* spricht. Der *Erwartungswert* $\mathsf{E}(X)$ *der Lebenszeit* des Elements (mittlere Lebenszeit) beträgt

$$\mathsf{E}(X) = \int\limits_0^\infty t\, f(t)\, \mathrm{d}t \quad \text{bzw.} \quad \mathsf{E}(X) = \int\limits_0^\infty t\, \mathrm{d}F(t). \qquad (1.1)$$

Nach partieller Integration erhalten wir die äquivalente Darstellung

$$\mathsf{E}(X) = \int\limits_0^\infty \bar{F}(t)\, \mathrm{d}t. \qquad (1.2)$$

Die *Varianz* bzw. *Streuung der Lebenszeit* ist definiert durch

$$\mathsf{D}^2(X) = \int\limits_0^\infty (t - \mathsf{E}(X))^2\, \mathrm{d}F(t). \qquad (1.3)$$

Nach Einführung des zweiten Moments $\mathsf{E}(X^2)$ können wir $\mathsf{D}^2(X)$ auch in der Form

$$\mathsf{D}^2(X) = \mathsf{E}(X^2) - [\mathsf{E}(X)]^2 \qquad (1.4)$$

schreiben. Erwartungswert und Streuung sind die wichtigsten deterministischen Kenngrößen der Lebenszeit. Bei der Auswertung von Lebensdauerversuchen sind sie in jedem Fall zu schätzen. Wenn wir mit $(t_1, t_2, \ldots, t_n)$ eine einfache Stichprobe bezeichnen (d. h., die t_i sind voneinander unabhängige und identisch wie X verteilte Zufallsgrößen), dann sind, unabhängig von dem zugrunde liegenden Verteilungstyp, erwartungstreue Schätzungen von $E(X)$ bzw. $D^2(X)$ bekanntlich durch das arithmetische Mittel

$$\bar{t} = \frac{1}{n} \sum_{i=1}^{n} t_i$$

bzw. durch die empirische Varianz

$$s^2 = \frac{1}{n-1} \sum_{i=1}^{n} (t_i - \bar{t})^2$$

gegeben.

Im folgenden beschreiben wir noch einige Verteilungstypen, die als Lebenszeitverteilungen gewöhnlich in Frage kommen. Ihrer inhaltlichen Bedeutung nach genügt es, sie nur auf der positiven Zeitachse ($t \geqq 0$) zu definieren. Neben den Verteilungsdichten und -funktionen sowie Erwartungswert und Streuung werden auch die Maximum-Likelihood-Schätzungen für die unbekannten Parameter angegeben, wobei wiederum eine einfache Stichprobe $(t_1, t_2, \ldots, t_n)$ zugrunde gelegt wird (wir verzichten darauf, für die Zufallsgrößen t_i und ihre Realisierungen verschiedene Symbole einzuführen). Dabei bezeichnen wir die Schätzung für einen (beliebigen) Parameter π mit $\hat{\pi}$. Um vermittels einer einfachen Stichprobe auf die zugrunde liegende Verteilung zu schließen, wird man zunächst die empirische Häufigkeitsverteilung mit dem in den Skizzen dargestellten qualitativen Verlauf der (theoretischen) Verteilungsdichten vergleichen und eine Hypothese über den vorliegenden Verteilungstyp aufstellen. Die Nachprüfung dieser Hypothese kann dann z. B. mit dem Chi-Quadrat-Anpassungstest erfolgen (s. etwa [39]).

1. WEIBULL-*Verteilung*

$$f(t) = \lambda \alpha t^{\alpha-1}\, e^{-\lambda t^\alpha}; \quad \alpha > 0, \quad \beta > 0;$$

$$F(t) = 1 - e^{-\lambda t^\alpha};$$

$$\mathsf{E}(X) = \left(\frac{1}{\lambda}\right)^{1/\alpha} \Gamma\left(1 + \frac{1}{\alpha}\right);$$

$$\mathsf{D}^2(X) = \left(\frac{1}{\lambda}\right)^{2/\alpha} \left[\Gamma\left(1 + \frac{2}{\alpha}\right) - \left\{\Gamma\left(1 + \frac{1}{\alpha}\right)\right\}^2\right].$$

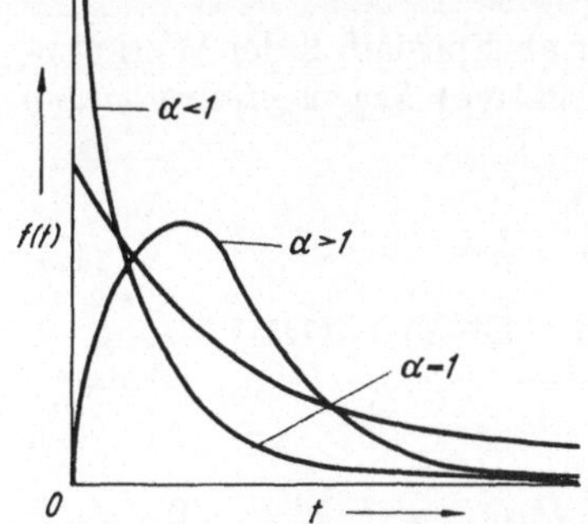

Abb. 1. Verteilungsdichte der WEIBULL-Verteilung

Hierbei ist $\Gamma(x) = \int\limits_0^\infty t^{x-1}\, e^{-t}\, dt$ die bekannte Gamma-funktion, die z. B. in [64] tabelliert ist. Die Maximum-Likelihood-Schätzungen für α und λ sind Lösungen des Gleichungssystems

$$n - \hat{\lambda} \sum_{i=1}^n t_i^{\hat{\alpha}} = 0,$$

$$\frac{n}{\hat{\alpha}} + \sum_{i=1}^n \ln t_i - \hat{\lambda} \sum_{i=1}^n t_i^{\hat{\alpha}} \ln t_i = 0.$$

Dieses Gleichungssystem läßt sich numerisch etwa mit

dem Verfahren der sukzessiven Approximation lösen. Zur Berechnung des Ausgangstupels $(\hat{\alpha}_0, \hat{\lambda}_0)$ wählt man $\hat{\alpha}_0$ zweckmäßigerweise als Lösung der Gleichung $\bar{t} = \mathsf{E}(X) = \left(\dfrac{1}{\hat{\lambda}}\right)^{1/\hat{\alpha}_0} \Gamma\left(1 + \dfrac{1}{\hat{\alpha}_0}\right)$, wobei gemäß der ersten Zeile des Gleichungssystems $\hat{\lambda}_0 = n \Big/ \sum\limits_{i=1}^{n} t_i^{\hat{\alpha}_0}$ gesetzt wird. Falls jedoch der Parameter α bekannt ist, dann haben wir für λ die Schätzung

$$\hat{\lambda} = n \Big/ \sum_{i=1}^{n} t_i{}^{\alpha}.$$

Im Falle $\alpha = 1$ erhalten wir als Spezialfall der WEIBULL-Verteilung die bekannte (negative) *Exponentialverteilung* mit

$$f(t) = \lambda\, e^{-\lambda t},$$
$$F(t) = 1 - e^{-\lambda t}, \tag{1.5}$$
$$\mathsf{E}(X) = 1/\lambda \quad \text{und} \quad \mathsf{D}^2(X) = (1/\lambda)^2.$$

2. Gammaverteilung

$$f(t) = \lambda(\lambda t)^{\alpha-1}\, e^{-\lambda t} \,/\, \Gamma(\alpha), \quad \alpha \geqq 1,\ \lambda \geqq 0,$$
$$F(t) = \Gamma_{\lambda t}(\alpha) - \Gamma(\alpha).$$

Hierbei ist $\Gamma_x(\alpha)$ die unvollständige Gammafunktion, die etwa in [104] und [105] tabelliert ist.

$$\mathsf{E}(X) = \alpha/\lambda,$$
$$\mathsf{D}^2(X) = \alpha/\lambda^2.$$

Die Maximum-Likelihood-Schätzungen für α und λ sind Lösungen des Gleichungssystems

$$n\hat{\alpha} - \hat{\lambda} \sum_{i=1}^{n} t_i = 0,$$

$$n \ln \hat{\lambda} + \sum_{i=1}^{n} \ln t_i - n\, \frac{\partial}{\partial \hat{\alpha}} \ln \Gamma(\hat{\alpha}) = 0.$$

Zur Auflösung dieses Gleichungssystems empfiehlt es sich wieder, das Verfahren der sukzessiven Approximation anzuwenden. Für nicht zu kleine $\hat{\alpha}$ kann man dabei in guter Näherung

$$\frac{\partial}{\partial\hat{\alpha}}\ln\Gamma(\hat{\alpha}) \approx \ln\left(\hat{\alpha}-\frac{1}{2}\right)+\frac{1}{24\left(\hat{\alpha}-\frac{1}{2}\right)^2}$$

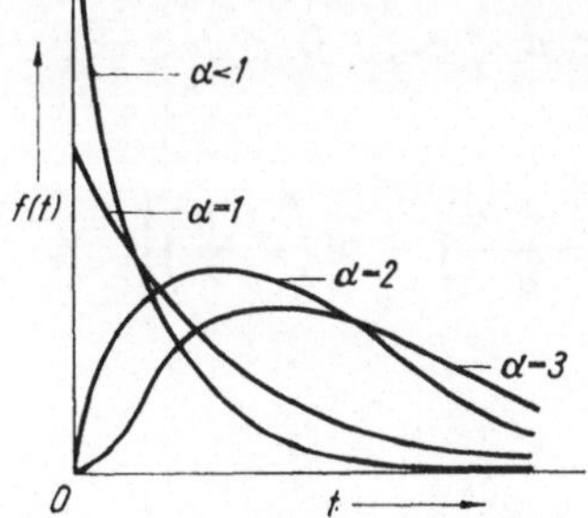

Abb. 2. Verteilungsdichte der Gammaverteilung

setzen. Als Ausgangstupel $(\hat{\alpha}_0, \hat{\beta}_0)$ bieten sich die Schätzwerte für α und λ an, die nach der Momentenmethode, also als Lösungen des Gleichungssystems

$$\hat{\alpha}_0/\hat{\lambda}_0 = \bar{t},$$

$$\hat{\alpha}_0/\hat{\lambda}_0{}^2 = s^2$$

errechnet werden. Es folgt $\hat{\lambda}_0 = \bar{t}/s^2$ und $\hat{\alpha}_0 = \bar{t}^2/s^2$.

Wir erwähnen noch einen wichtigen Spezialfall der Gammaverteilung, die sog. ERLANG-*Verteilung*. Eine zufällige Größe genügt einer ERLANG-Verteilung mit den Parametern α und λ, wenn sie gammaverteilt ist mit diesen Parametern und α überdies eine natürliche Zahl ist. Wir erhalten in diesem Fall wegen $\Gamma(\alpha) = (\alpha - 1)!$ durch partielle Integration

$$F(t) = 1 - e^{-\lambda t} \sum_{i=0}^{\alpha-1} \frac{(\lambda t)^i}{i!}.$$

Für $\alpha = 1$ erhalten wir die bereits bekannte Exponentialverteilung.

3. *Normalverteilung (gestutzt bzgl. des Nullpunktes)*

$$f(t) = \frac{a}{\sqrt{2\pi}\,\sigma}\, e^{-\frac{(x-\mu)^2}{2\sigma^2}}; \quad 0 < \mu < \infty, \quad 0 < \sigma < \infty,$$

$$F(t) = \int_0^t f(x)\, \mathrm{d}x = a\left[\Phi\!\left(\frac{t-\mu}{\sigma}\right) - \Phi\!\left(-\frac{\mu}{\sigma}\right)\right],$$

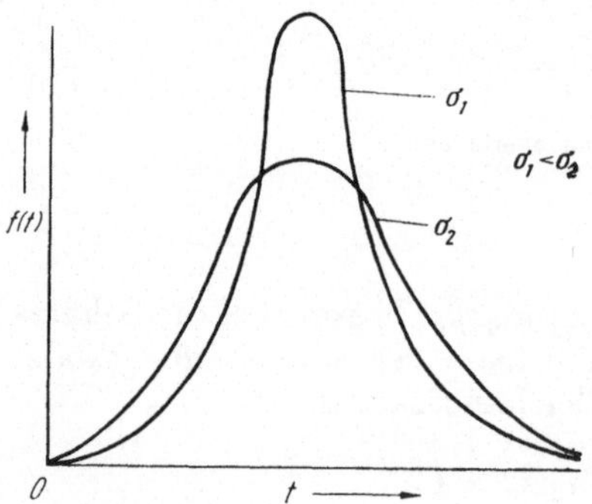

Abb. 3. Verteilungsdichte der gestutzten Normalverteilung

wobei wir wie üblich mit $\Phi(t)$ die Verteilungsfunktion der normierten Normalverteilung bezeichnen:

$$\Phi(t) = \frac{1}{\sqrt{2\pi}} \int_{-\infty}^t e^{-\frac{(x-\mu)^2}{2\sigma^2}}\, \mathrm{d}x.$$

Die Funktion $\Phi(t)$ ist in zahlreichen Werken tabelliert (z. B. in [39, 52, 96]). Die Normierungskonstante a ist wegen $F(\infty) = 1$ durch

$$a = 1 \Big/ \left(1 - \Phi\left(-\frac{\mu}{\sigma}\right)\right)$$

gegeben. Im Falle $3\sigma > \mu$ können wir in ausreichender Näherung $a = 1$ setzen. In diesem Falle haben wir ferner

$$\mathsf{E}(X) = \mu, \quad \mathsf{D}^2(X) = \sigma^2$$

und die Maximum-Likelihood-Schätzungen für μ und σ^2 sind durch

$$\hat{\mu} = \bar{t} \quad \text{und} \quad \hat{\sigma}^2 = s^2$$

gegeben.

Abschließend sei erwähnt, daß es aus ökonomischen und technischen Erwägungen heraus in der Praxis nicht immer möglich ist, einfache Stichproben hinreichend großen Umfanges zu erheben. Es existieren jedoch Verfahren, die das Schätzen von Parametern bei abgekürzter Versuchsdauer ermöglichen (s. [106, 120]).

2.   Alternde Elemente

Es sei $F(t)$ die Verteilungsfunktion der Lebenszeit (VFL) eines Elements, $F(+0) = 0$. Um den in der Einleitung beschriebenen Effekt des Alterns eines Elements mathematisch erfassen zu können, definieren wir für alle $x \geqq 0$ mit $F(x) < 1$ eine Funktion $F_x(t)$ durch

$$F_x(t) = \mathsf{P}(X - x < t \mid X \geqq x),$$

wobei wir mit X die zufällige Lebenszeit des Elements bezeichnen. Es ist also $F_x(t)$ die Verteilungsfunktion der „restlichen" Lebenszeit des Elements unter der Bedingung, daß es bereits x Zeiteinheiten ohne auszufallen gearbeitet hat. Aus der Definition folgt unmittelbar

$$F_x(t) = \frac{F(t+x) - F(x)}{\bar{F}(x)}, \qquad (2.1)$$

wobei wieder $\bar{F}(t) := 1 - F(t)$ gesetzt wird (diese Bezeichnungsweise wird im folgenden auch für beliebige Verteilungsfunktionen beibehalten). Insbesondere erhalten wir wegen (1.2) für den Erwartungswert der restlichen Lebenszeit $M(x) := \mathsf{E}(X - x \mid X \geqq x)$

$$M(x) = \int\limits_0^\infty \frac{\bar{F}(t+x)}{\bar{F}(x)} \, \mathrm{d}t. \qquad (2.2)$$

Im Falle einer exponentiell mit dem Parameter $\lambda > 0$ verteilten Lebenszeit des Elements, d. h. im Falle $F(t) = 1 - \mathrm{e}^{-\lambda t}$, $t \geqq 0$, gilt für alle $x \geqq 0$

$$F_x(t) \equiv F(t).$$

Man überzeugt sich leicht davon, daß diese Eigenschaft sogar charakteristisch für die Exponentialverteilung ist. Die Beziehung $F_x(t) \equiv F(t)$ bedeutet inhaltlich, daß die bereits verflossene Betriebszeit des Elements keinen Einfluß auf seine restliche Lebenszeit hat. Ein Element mit exponentiell verteilter Lebenszeit hat also nach $x > 0$ Zeiteinheiten ununterbrochenen Betriebszeit die gleichen statistischen Eigenschaften wie zum Zeitpunkt seiner Inbetriebnahme.

Definition: Ein Element mit der VFL $F(t)$ heißt *alternd* genau dann, wenn $F_x(t)$ für beliebige, aber feste t monoton wächst in x und $F_x(t) \not\equiv F(t)$ ist $x \in \{ x;\, x \geqq 0,\, F(x) < 1\}$.

Inhaltlich besagt diese Definition, daß die Neigung eines alternden Elements auszufallen, mit steigender Betriebszeit wächst. Insbesondere führt ein Anwachsen der bereits abgelaufenen Betriebszeit bei alternden Elementen im Mittel zu einer Verkleinerung der restlichen Lebenszeit. Denn für $x \leqq y$ gilt wegen (2.2) und $F_x(t) \leqq F_y(t)$

$$M(y) = \int\limits_0^\infty \frac{\overline{F}(t+y)}{\overline{F}(y)}\, \mathrm{d}t \leqq \int\limits_0^\infty \frac{\overline{F}(t+x)}{\overline{F}(x)}\, \mathrm{d}t = M(x).$$

Diese Tatsachen stimmen mit unserer intuitiven Vorstellung über das Altern technischer Bauteile überein.[1]

Wir setzen nun voraus, daß die Verteilungsdichte $f(t) := F'(t)$ der Lebenszeit X des Elements existiert. In diesem Fall gelangen wir durch Einführung der sog. *Ausfallrate* (*hazard rate*) $q(x)$ zu einer einfacheren Charakterisierung alternder Elemente. $q(x)$ ist definiert durch

$$q(x) := \frac{f(x)}{1 - F(x)}. \tag{2.3}$$

Die Ausfallrate (oder Fehlerrate) ist neben $F_x(t)$ ein weiteres Maß für die Anfälligkeit eines Elements vom Alter x gegenüber einem Versager. Denn aus der Definition (2.3) folgt

$$q(x)\, \Delta x + o(\Delta x) = P(X \leqq x + \Delta x \mid X \geqq x) \tag{2.4}$$

für $\Delta x \to 0$.[2] Es ist also $q(x)\, \Delta x$ für hinreichend kleine Δx die Wahrscheinlichkeit für den Ausfall des Elements im Intervall $[x, x + \Delta x]$ unter der Bedingung, daß es bereits x Zeiteinheiten gearbeitet hat. Somit weist ein Ansteigen der Ausfallrate auf Verschleiß- bzw. Alterserscheinungen hin. Unmittelbar nach der Inbetriebnahme eines Elements ist gewöhnlich eine Abnahme der Ausfallrate zu beob-

---

[1] In der Praxis ist das monotone Wachsen der Funktion $F_x(t)$ in x häufig erst für hinreichend große x, etwa $x \geq x_0$, zu beobachten, d. h., Alterserscheinungen treten erst nach einer gewissen Zeitspanne x_0 auf. Die Resultate dieses Abschnittes können wir jedoch auch für diesen Fall übertragen, wenn wir uns auf die Betrachtung des Intervalls (x_0, ∞) beschränken.

[2] $o(x)$ ist das LANDAUsche Ordnungssymbol. Nach Definition gilt $\lim\limits_{x \to x_0} \dfrac{o(x)}{x} = 0$. In diesem Band tritt nur der Fall $x_0 = 0$ auf.

achten. Diese Erscheinung ist auf mögliche Frühfehler zurückzuführen, deren Intensität mit wachsender Betriebszeit abklingt. In einer Periode konstanter Ausfallrate ist das Auftreten von Versagern „rein zufälligen" Ursachen (etwa Belastungsschwankungen) zuzuschreiben. Offenbar werden optimale Instandhaltungsstrategien prophylaktische Erneuerungen nur im Bereich wachsender Ausfallrate vorschreiben.

Durch Integration auf beiden Seiten von (2.3) erhalten wir die wichtige Beziehung ($t \geqq 0$)

$$F(t) = 1 - \exp\left(-\int_0^t q(u)\,du\right),$$

wobei wir hier und im folgenden die Bezeichnung $\exp(x) := e^x$ verwenden. In Verbindung mit (2.1) folgt aus dieser Beziehung

$$F_x(t) = 1 - \exp\left(-\int_x^{x+t} q(u)\,du\right). \qquad (2.5)$$

Durch Vergleich mit (1.5) erkennen wir, daß Elemente mit exponentiell verteilter Lebenszeit (Parameter λ) eine konstante Ausfallrate haben:

$$q(x) \equiv \lambda. \qquad (2.6)$$

Satz 2.1: *Ein Element mit der Ausfallrate $q(x)$ altert genau dann, wenn $q(x)$ monoton wächst in x und $q(x) \not\equiv$ const ist.*

Beweis: Die Ungleichung $q(x) \leqq q(y)$ für $x \leqq y$ ist äquivalent mit

$$\int_0^t q(x+u)\,du \leqq \int_0^t q(y+u)\,du$$

bzw.

$$\exp\left(-\int_y^{y+t} q(u)\,du\right) \geqq \exp\left(-\int_x^{x+t} q(u)\,du\right),$$

wobei $t \geqq 0$ beliebig ist. Wegen (2.5) ist diese Ungleichung aber äquivalent mit $F_x(t) \leqq F_y(t)$ für $x \leqq y$.

Beispiele:

1. WEIBULL-Verteilung

$$q(x) = \alpha \lambda x^{\alpha - 1}.$$

Die Ausfallrate wächst für $\alpha > 1$ und fällt für $\alpha < 1$. Somit altert ein Element mit WEIBULL-verteilter Lebenszeit genau dann, wenn $\alpha > 1$ ist.

2. Gammaverteilung

$$q(x) = \frac{x^{\alpha - 1}\, e^{-\lambda x}}{\int\limits_x^\infty t^{\alpha - 1}\, e^{-\lambda t} dt}.$$

Die Ausfallrate wächst für $\alpha > 1$ und fällt für $\alpha < 1$.

3. Normalverteilung

$$q(x) = \frac{\exp\left(-\dfrac{(x - \mu)^2}{2\sigma^2}\right)}{\int\limits_x^\infty \exp\left(-\dfrac{(t - \mu)^2}{2\sigma^2}\right) dt}.$$

Die Ausfallrate der Normalverteilung wächst für alle Tupel (μ, σ^2).

In Analogie zu den (2.3) ist die Ausfallrate eines Elements mit diskreter Lebenszeitverteilung $\{p_k, k = 0, 1, \ldots\}$ durch

$$q(k) = \frac{p_k}{\sum\limits_{i=k}^\infty p_i}, \quad k = 0, 1, \ldots,$$

definiert. Im Unterschied zum stetigen Fall gilt hier stets $q(k) \leqq 1$. Wir wissen bereits, daß im Falle von stetigen Lebenszeiten Elemente mit exponentiell verteilter Lebenszeit die einzigen sind, die mit konstanter Ausfallrate arbeiten. Für diskrete Lebenszeiten haben gerade Elemente mit geometrisch verteilter Lebenszeit diese Eigenschaft. Denn für $p_k = p(1 - p)^k$, $0 < p \leq 1$, $k = 0, 1, \ldots$, erhalten wir

$$q(k) = p, \quad k = 0, 1, \ldots .$$

Die Exponentialverteilung hat also in der geometrischen Verteilung ihr diskretes Analogon. Im folgenden werden wir jedoch, wie bereits erwähnt, nur mit stetigen Verteilungsfunktionen arbeiten.

In unserer Betrachtungsweise ist das jeweilige zugrunde liegende Element durch seine VFL vollständig charakterisiert. Daher empfiehlt es sich, den Begriff des alternden Elements auf die entsprechende VFL zu übertragen. Satz 2.1 motiviert die folgende Bezeichnungsweise.

Definition: Eine Verteilungsfunktion $F(t)$ gehört genau dann zum Typ IHR (*increasing hazard rate*) bzw. DHR (*decreasing hazard rate*), wenn $F(+0) = 0$ ist und der Quotient

$$\frac{F(t + x) - F(x)}{1 - F(x)}$$

für beliebiges, aber fixiertes $t > 0$ monoton wächst bzw. fällt in x.

Zur Menge aller Verteilungsfunktionen vom Typ IHR gehören somit die Verteilungsfunktionen aller alternden Elemente einschließlich der Exponentialverteilung und umgekehrt. Die Exponentialverteilung ist überdies die einzige Verteilung, die sowohl zum Typ IHR als auch zum Typ DHR gehört.

Verteilungsfunktionen vom Typ IHR und DHR wurden von BARLOW, MARSHALL und PROSCHAN definiert und in einer Reihe von Arbeiten untersucht, insbesondere auch im Hinblick auf spezielle Anwendungsmöglichkeiten in der Zuverlässigkeitstheorie (siehe z. B. [4, 5, 7, 8, 91]). Aus der Fülle der vorliegenden Ergebnisse beschränken wir uns im folgenden darauf, untere und obere Schranken für IHR-Verteilungsfunktionen zu konstruieren (Verteilungsfunktionen vom Typ DHR kommen als Lebenszeitverteilungen technischer Elemente kaum in Frage, so daß sie im Rahmen dieses Bandes weniger von Interesse sind). Dazu benötigen wir ein

Lemma: $F(t)$ *gehört genau dann zum Typ* IHR *(Sprechweise: F ist* IHR*), wenn die Funktion* $\ln \bar{F}(t)$ *für* $t \in \{ t; t \geq 0, F(t) < 1\}$ *konkav ist.*

Beweis: Es sei $Q(t) := -\ln \bar{F}(t)$. Damit erhalten wir nach identischen Umformungen

$$F_x(t) = 1 - \exp\left[-\left(Q(t+x) - Q(x)\right)\right].$$

Daher ist F IHR genau dann, wenn die Differenz $Q(t+x) - Q(x)$ für beliebiges, aber festes t monoton wächst in x. Also ist F IHR genau dann, wenn $\ln \bar{F}(t)$ konkav ist.

Satz 2.2: *Es sei* $F(t) = \mathsf{P}(X < t)$, $F(+0) = 0$, *vom Typ* IHR *und* $\mu := \int\limits_0^\infty t \, \mathrm{d}F(t) < \infty$. *Dann gilt*

$$(1) \quad \mathrm{e}^{-t/\mu} \leq \bar{F}(t) \leq 1 \ \textit{für} \ 0 \leq t < \mu$$

und

$$(2) \quad 0 < \bar{F}(t) \leq \mathrm{e}^{-rt} \ \textit{für} \ \mu \leq t,$$

wobei $r = r(t)$ *Lösung der Gleichung* $1 - r\mu = \mathrm{e}^{-rt}$ *ist.*

Beweis: Wegen des Lemmas ist $\ln \bar{F}(t)$ konkav, und somit liefert die Jensensche Ungleichung[1]

$$\mathsf{E} \ln \bar{F}(x) \leq \ln \bar{F}(\mu).$$

---

[1] Es sei X eine Zufallsgröße, $\mathsf{E}(X) \leq \infty$, und $\varphi(x)$ eine konkave (konvexe) reelle Funktion. Dann gilt (Jensensche Ungleichung)

$$\mathsf{E} \, \varphi(X) \leq \varphi(\mathsf{E}X),$$
$$(\geq)$$

wenn der Erwartungswert auf der linken Seite existiert.

Auf Grund der Stetigkeit von $F(t)$ ist aber $\bar{F}(X)$ eine in $[0, 1]$ gleichverteilte Zufallsgröße. Also gilt

$$\mathsf{E}\ln \bar{F}(X) = \int\limits_0^1 \ln u \, \mathrm{d}u = -1.$$

Infolgedessen ist $\ln \bar{F}(\mu) \geqq -1$ bzw. $\bar{F}(\mu) \geqq \mathrm{e}^{-1}$. Wegen der Konkavität von $\ln \bar{F}(t)$ ist ferner der Differenzen-

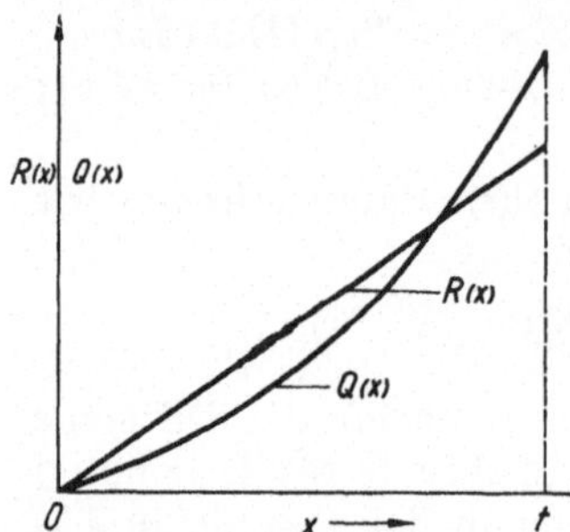

Abb. 4. Verlauf von $Q(x)$ und $R(x)$

quotient

$$\frac{\ln \bar{F}(t) - \ln \bar{F}(+0)}{t - 0}$$

und damit auch $\left(\bar{F}(t)\right)^{1/t}$ monoton fallend in t. Daher gilt für $t < \mu$

$$\left(\bar{F}(t)\right)^{1/t} \geqq \left(\bar{F}(\mu)\right)^{1/\mu}.$$

In Verbindung mit $\bar{F}(\mu) \geqq \mathrm{e}^{-1}$ folgt hieraus die Ungleichung (1) des Satzes.

Zum Beweis der Abschätzung (2) betrachten wir den Verlauf der Funktionen $Q(x) = -\ln \bar{F}(x)$ und $R(x) := rx$ im Intervall $[0, t]$, $t \geqq \mu$, wobei $r = r(t)$ durch $1 - r\mu = \mathrm{e}^{-rt}$ definiert ist (siehe Abb. 4). Wegen $t \geqq \mu$ existiert stets eine Lösung dieser Gleichung. Um ein nichttriviales Problem zu haben, setzen wir $Q(x) \not\equiv R(x)$ in $[0, t]$ voraus. Es kann jedoch nicht $R(x) > Q(x)$ für alle $x \in [0, t]$

gelten, da in diesem Falle $\mu \geqq \int\limits_0^\infty \bar{F}(x)\,\mathrm{d}x > \int\limits_0^t \mathrm{e}^{-rx}\,\mathrm{d}x$

$= \mu$ wäre. Daher schneidet die Gerade $R(x)$ die Funktion $Q(x)$ in genau einem Punkt des Intervalls $(0, t]$ und verläuft dann unterhalb $Q(x)$. Insbesondere gilt $R(t) \leqq Q(t)$ bzw. $\bar{F}(t) \leqq \mathrm{e}^{-rt}$, $t \geqq \mu$. Damit ist der Satz vollständig bewiesen. Ergänzend sei bemerkt, daß die Ungleichungen (1) und (2) scharf sind.

Dieser Satz erlaubt es, Zuverlässigkeitskenngrößen von Systemen abzuschätzen, die sich aus alternden Elementen zusammensetzen, wenn deren mittlere Lebenszeiten bekannt sind. Als Beispiel betrachten wir ein Seriensystem, das aus n unabhängigen Elementen mit den mittleren Lebenszeiten μ_i, $i = 1, 2, \ldots, n$, besteht. Dann gilt für die Zuverlässigkeit $Z(t)$ des Systems

$$Z(t) \geqq \exp\left(-t \sum_{i=1}^n \frac{1}{\mu_i}\right) \quad \text{für} \quad t < \min\,(\mu_1, \mu_2, \ldots, \mu_n)\,.$$

Satz 2. 3: *Es sei* $F(t)$ *vom Typ* IHR. *Dann ist der Quotient*

$$G(t): = \frac{F(t)}{\int\limits_0^t \bar{F}(u)\,\mathrm{d}u}$$

monoton wachsend in t.

Beweis: Es sei $0 \leqq x \leqq y < \infty$. Dann gilt auf Grund der Definition des IHR-Verteilungstyps

$$\frac{F_x(t)}{\int\limits_0^t \bar{F}_x(u)\,\mathrm{d}u} \leqq \frac{F_y(t)}{\int\limits_0^t \bar{F}_y(u)\,\mathrm{d}u}$$

bzw., damit gleichbedeutend,

$$\frac{F(t+x) - F(x)}{\int\limits_0^{t+x} \bar{F}(u)\,\mathrm{d}u - \int\limits_0^x \bar{F}(u)\,\mathrm{d}u} \leqq \frac{F(t+y) - F(y)}{\int\limits_0^{t+y} \bar{F}(u)\,\mathrm{d}u - \int\limits_0^y \bar{F}(u)\,\mathrm{d}u}\,. \tag{i}$$

Für $x = 0$ und $y = t$ erhalten wir daraus $G(t) \leqq G(2t)$. Angenommen, es ist auch $G\big((n-1)t\big) \leqq G(nt)$ bzw., damit äquivalent,

$$G\big((n-1)t\big) \leqq \frac{F(nt) - F\big((n-1)t\big)}{\int\limits_0^{nt} \bar{F}(u)\,\mathrm{d}u - \int\limits_0^{(n-1)t} \bar{F}(u)\,\mathrm{d}u} \tag{ii}$$

erfüllt. Aus (i) folgt mit $x = (n-1)\,t$ und $y = nt$

$$F(nt) \int\limits_0^{(n+1)t} \bar{F}(u)\,\mathrm{d}u - F\big((n+1)t\big) \int\limits_0^{nt} \bar{F}(u)\,\mathrm{d}u$$

$$\leqq F\big((n-1)t\big) \left[\int\limits_0^{(n+1)t} \bar{F}(u)\,\mathrm{d}u - \int\limits_0^{nt} \bar{F}(u)\,\mathrm{d}u \right]$$

$$- \int\limits_0^{(n-1)t} \bar{F}(u)\,\mathrm{d}u\, [F\big((n+1)t\big) - F(nt)].$$

Die rechte Seite dieser Ungleichung ist aber wegen (ii) nicht positiv. Daher folgt $G(nt) \leqq G\big((n+1)t\big)$. Damit ist der Induktionsschluß geführt. Es gilt also

$$G(kt) \leqq G\big((k+1)t\big), \quad k = 1, 2, \ldots .$$

Da $t > 0$ beliebig klein gewählt werden kann, ist wegen der Stetigkeit von $F(t)$ der Satz bewiesen.

Korollar: *Falls $F(t)$ vom Typ* IHR *ist, gilt*

$$\frac{F(t)}{\int\limits_0^t \bar{F}(u)\,\mathrm{d}u} \leqq \frac{1}{\mu}$$

für alle $t \geqq 0$. Das Gleichheitszeichen wird im Falle der Exponentialverteilung angenommen.

Zu einer naheliegenden (teilweisen) Verallgemeinerung des IHR-Verteilungstyps gelangen wir, wenn wir anstelle des Quotienten $f(t)/\overline{F}(t)$ Quotienten der Gestalt

$$\frac{f(t)}{F(t+a)-F(t)} \tag{2.7}$$

betrachten.

Definition: Eine Verteilungsdichte $f(t)$ heißt genau dann PÓLYA-*Dichte der Ordnung* $2(PD_2)$, wenn für alle reellen $a \neq 0$ der Quotient (2.7) monoton wächst in t.

Für $a = \infty$ wird durch diese Definition gerade das monotone Wachsen der Ausfallrate gefordert. Bezogen auf die Menge aller absolut stetigen Verteilungsfunktionen (die also eine erste Ableitung besitzen), ist daher der Verteilungstyp PD_2 umfassender als der Verteilungstyp IHR. Die wichtigsten Lebenszeitverteilungen (WEIBULL-Verteilung, Gammaverteilung, gestutzte Normalverteilung) gehören jedoch, falls sie IHR sind, auch zum Typ PD_2. Verteilungsschichten vom Typ PD_2 werden wir im Abschnitt 5 benötigen.

Satz 2.4: *Eine Verteilungsdichte* $f(t)$ *gehört genau dann zum Typ* PD_2, *wenn der Quotient* $f(t-a)/f(t)$ *für alle* $a \geq 0$ *monoton wächst in* t, *oder — damit äquivalent — der Quotient* $f(t+a)/f(t)$ *monoton fällt in* t; $t \in \{t;\, f(t) > 0\}$.

Beweis: Das monotone Wachsen des Quotienten (2.7) für alle reellen a ist offenbar damit äquivalent, daß für alle $a \geq 0$

$$\frac{f(t)}{F(t+a)-F(t)} \tag{i}$$

monoton wächst in t und daß für alle $a \geq 0$

$$\frac{f(t)}{F(t)-F(t-a)} \tag{ii}$$

monoton fällt in t. Wegen (ii) gilt für $x < y$ und $a \geq 0$

$$\frac{f(x)}{f(x-a)}\left[\frac{f(x-a)}{F(x)-F(x-a)}\right]$$
$$\geq \frac{f(y)}{f(y-a)}\left[\frac{f(y-a)}{F(y)-F(y-a)}\right].$$

Wegen (i) folgt schließlich $f(x - a)/f(x) \leqq f(y - a)/f(y)$. Umgekehrt sei die Bedingung des Satzes erfüllt. Dann gilt für $x < y$ und $t \geqq 0$ insbesondere $f(x + t)/f(x) \geqq f(y + t)/f(x)$. Es folgt

$$\int\limits_0^a \frac{f(x + t)}{f(x)}\, \mathrm{d}t \geqq \int\limits_0^a \frac{f(y + t)}{f(y)}\, \mathrm{d}t.$$

Diese Ungleichung liefert (i). Analog weist man (ii) nach. Damit ist der Satz bewiesen.

Folgende Eigenschaft von PD_2-Dichten werden wir später benötigen ([8, 116]):

Satz 2.5: *Verteilungsdichten vom Typ* PD_2 *sind uni-modal[1]) oder nehmen ihr Maximum in einem zusammenhängenden Intervall an.*

Beweis: Um Routineuntersuchungen zu vermeiden, beweisen wir den Satz nur für den Fall, daß $f(t) > 0$ ist und $f'(t)$ überall existiert. Dann folgt aus Satz 2.3 für alle $a \geqq 0$

$$f'(t - a)\, f(t) - f'(t)\, f(t - a) \geqq 0 \quad \text{und}$$
$$f'(t + a)\, f(t) - f'(t)\, f(t + a) \leqq 0.$$

Wenn also $f'(t_0) = 0$ gilt, dann ist $f'(t) \geqq 0$ für alle $t \leqq t_0$ und $f'(t) \leqq 0$ für alle $t \geqq t_0$. Daher ist $f(t)$ uni-modal.

3.   Erneuerungstheorie

3.1.   *Grundlagen*

Die Funktionstüchtigkeit eines komplizierten technischen Systems hängt i. a. von der einwandfreien Arbeit aller oder zumindest eines Teils seiner Bauelemente ab.

---

[1]) Eine Wahrscheinlichkeitsdichte heißt *unimodal*, wenn sie genau einen Modalwert hat (= Wert, an dem die Dichte ein Maximum annimmt).

Daher werden diese für das Funktionieren des Gesamtsystems entscheidenden Elemente nach ihrem Anfall gewöhnlich sofort erneuert. Die Erneuerungstheorie beschäf-
tigt sich nun in erster Linie mit der Anzahl der in einem
bestimmten Zeitintervall auftretenden Erneuerungen und
mit daraus abgeleiteten Kenngrößen. Dabei ist es für die

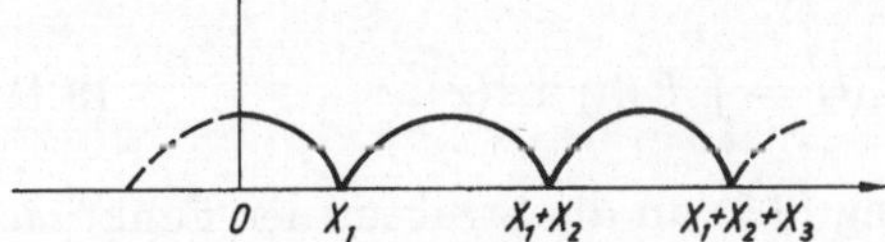

Abb. 5. Realisierung eines Erneuerungsprozesses

theoretischen Untersuchungen ohne Belang, ob die Erneuerung durch vollständigen Austausch ausgefallener Elemente, durch Reparatur oder auf noch andere Weise erfolgt.
Die Erneuerungszeiten werden jedoch im folgenden als
vernachlässigbar klein vorausgesetzt. Ausgangspunkt
der Erneuerungstheorie ist der Begriff des Erneuerungsprozesses:

Definition: Unter einem *Erneuerungsprozeß* verstehen
wir eine Folge positiver, vollständig unabhängiger Zufallsgrößen $\{X_i, \ i = 1, 2, \ldots\}$, wobei die X_i, $i = 2, 3, \ldots$,
identisch verteilt sind.

Wir deuten also die X_i als Lebenszeiten einer Folge
von identischen Elementen, wobei das i-te Element
(Lebenszeit X_i) unmittelbar nach dem Ausfall des i-ten
Elements in Betrieb genommen wird, $i = 2, 3, \ldots$.

Die X_i seien gemäß $F_1(t) = \mathsf{P}(X < t)$ und $F(t)$
$= \mathsf{P}(X_i < t), i = 2, 3, \ldots, F_1(+0) = F(+0) = 0$, verteilt.
Die besondere Rolle des Elements mit der Lebenszeit
X_1 ergibt sich aus der Tatsache, daß der Prozeß der
Erneuerung ausgefallener Elemente schon vor dem Zeitpunkt $t = 0$ des Beginns seiner Beobachtung eingesetzt
haben kann. D. h., zum Zeitpunkt $t = 0$ muß nicht
unbedingt ein neues Element in Betrieb genommen
werden, sondern ein bereits laufendes Element mit der

VFL $F(t)$ arbeitet seine restliche Lebenszeit ab (Abb. 5).
Wir bezeichnen mit ξ_0 die bereits abgelaufene Betriebszeit (Alter) des bei $t = 0$ arbeitenden Elements („erstes
Element") zu diesem Zeitpunkt. Die zugehörige Verteilungsfunktion sei $A(x) := \mathsf{P}(\xi_0 < x)$. Dann haben wir
unter der Bedingung $\xi_0 = x$ gemäß (2.1) $F_1(t) \equiv F_x(t)$.
Daher gilt allgemein

$$F_1(t) = \int\limits_0^t F_x(t)\, \mathrm{d}A(x). \tag{3.1}$$

Die Voraussetzung (3.1) an die Struktur der Funktion
$F_1(t)$ ist für die mathematische Analyse von Erneuerungsprozessen ebensowenig erforderlich wie für ihre anschauliche Interpretation. Z. B. läßt sich die spezielle Verteilung $F_1(t)$ auch so erklären, daß alle Erneuerungen mit
identischen Elementen vorgenommen werden, während
das zur Zeit $t = 0$ in Betrieb genommene Element anderen
Typs sein kann. Von speziellem Interesse sind jedoch diejenigen Erneuerungsprozesse, die das erste Element nicht
besonders auszeichnen.

Definition: Ein Erneuerungsprozeß heißt *einfach*
genau dann, wenn $F_1(t) \equiv F(t)$ ist.

Wir definieren Zufallsgrößen Y_n durch

$$Y_n = \sum_{i=1}^n X_i.$$

Zum Zeitpunkt Y_n findet also die n-te Erneuerung statt.[1]
Daher heißen die Y_n Erneuerungspunkte. Die Verteilungsfunktion $F^{(n)}(t) := \mathsf{P}(Y_n < t)$ ist wegen der Unabhängigkeit der X_i bekanntlich [39] durch die Faltung[2]
der Funktion $F_1(t)$ mit $F^{(n-1)*}(t)$ gegeben, wobei wir mit

---

[1] Häufig wird auch die Folge $\{Y_n\}$ als Erneuerungsprozeß bezeichnet. Weitere
äquivalente Definitionen zur gegebenen Definition eines Erneuerungsprozesses
bringen wir im Abschnitt 3.4.

[2] Die Faltung zweier auf $[0, \infty)$ erklärten Funktionen $F(t)$ und $G(t)$ ist durch

$$F * G(t) := \int\limits_0^t F(t - u)\, \mathrm{d}G(u)$$

definiert.

$F^{(k)*}(t)$ die $(k-1)$-fache Faltung der Funktion $F(t)$ mit sich selbst bezeichnen, $k \geq 1$,

$$F^{(0)*}(t) \equiv 1, \qquad F^{(1)*}(t) \equiv F(t).$$

Es gilt also

$$F^{(n)}(t) = F_1 * F^{(n-1)*}(t), \qquad n \geq 1,$$

bzw., damit gleichbedeutend,

$$F^{(1)}(t) = F_1(t),$$

$$F^{(n)}(t) = \int_0^t F^{(n-1)}(t-u)\,\mathrm{d}F(u), \qquad n \geq 2. \tag{3.2}$$

Falls $f_1(t) := F_1'(t)$ und $f(t) := F'(t)$ existieren, erhalten wir durch Differentiation auf beiden Seiten von (3.2) für die zugehörigen Verteilungsdichten

$$f^{(n)}(t) = \int_0^t f^{(n-1)}(t-u)\,f(u)\,\mathrm{d}u, \qquad n = 2, 3, \dots.$$

Beispiel 3.1: Der durch $F_1(t) = F(t) = 1 - \mathrm{e}^{-\lambda t}$, $\lambda > 0$, $t \geq 0$, definierte einfache Erneuerungsprozeß heißt POISSONscher *Punktprozeß* mit dem Parameter λ. In diesem Fall ist, wie man leicht nachrechnet,

$$f^{(n)}(t) = \frac{\lambda(\lambda t)^{n-1}}{(n-1)!}\,\mathrm{e}^{-\lambda t}$$

und

$$F^{(n)}(t) = 1 - \mathrm{e}^{-\lambda t} \sum_{i=0}^{n-1} \frac{(\lambda t)^i}{i!}. \tag{3.3}$$

Die Summe von n unabhängigen, exponentiell mit dem Parameter λ verteilten Zufallsgrößen genügt also einer ERLANG-Verteilung mit den Parametern n und λ.

3*

Falls $F(t)$ zum Typ IHR gehört, gilt gemäß Satz 2.2

$$F(t) \leqq \begin{cases} 1 - e^{-t/\mu}, & 0 \leqq t \leqq \mu, \\ 1, & t > \mu \end{cases}$$

mit $\mu = 1/\lambda = \int_0^\infty \bar{F}(t)\,dt$. Daher haben wir für jeden einfachen Erneuerungsprozeß mit IHR-verteilter Lebenszeit (insbesondere also für Erneuerungsprozesse, die mit alternden Elementen aufrechterhalten werden) für alle $t \leqq \mu$ die Abschätzung

$$F^{(n)}(t) \leqq 1 - e^{-t/\mu} \sum_{j=0}^{n-1} \frac{(t/\mu)^j}{j!}. \tag{3.4}$$

Indem wir die rechte Seite von (3.4) in bekannter Weise etwas nach oben abschätzen [50], erhalten wir bei hinreichend großem n eine für numerische Berechnungen bequemere Aussage:

$$F^{(n)}(t) \leqq \frac{(t/\mu)^n}{n! \left(1 - \dfrac{t}{\mu(n+1)}\right)}\, e^{-t/\mu}, \quad t \leqq \mu.$$

3.2.   *Erneuerungsfunktion*

Die vom praktischen und theoretischen Standpunkt aus interessanteste Kenngröße eines jeden Erneuerungsprozesses ist der Erwartungswert $H(t) := \mathsf{E}\big(N(t)\big)$ der Anzahl $N(t)$ aller Erneuerungen im Intervall $(0, t]$ (eine mögliche Erneuerung zum Zeitpunkt $t = 0$ wird also nicht mitgezählt). $H(t)$ wird als *Erneuerungsfunktion* bezeichnet. Nach Definition des Erwartungswertes einer diskreten Zufallsgröße gilt

$$H(t) = \sum_{n=1}^\infty n\, \mathsf{P}\big(N(t) = n\big). \tag{3.5}$$

Wegen $P(Y_{n+1} > t) = P(\text{„}Y_n \leqq t\text{"} \cap \text{„}Y_{n+1} > t\text{"})$ $+ P(Y_n > t)$ und $P(N(t) = n) = P(\text{„}Y_n \leqq t\text{"} \cap \text{„}Y_{n+1} > t\text{"})$ gilt

$$P\big(N(t) = n\big) = F^{(n)}(t) - F^{(n+1)}(t), \quad n = 1, 2, \ldots .$$

Daher haben wir

$$H(t) = \sum_{n=1}^{\infty} F^{(n)}(t). \tag{3.6}$$

Durch Summation über n von 2 bis ∞ auf beiden Seiten von (3.2) folgt wegen (3.6) nach Vertauschung von Summation und Integration

$$H(t) = F_1(t) + \int_0^t H(t - u)\, \mathrm{d}F(u). \tag{3.7}$$

Diese Integralgleichung für $H(t)$ heißt *Erneuerungsgleichung*. Falls $f_1(t)$ und $f(t)$ existieren, erhalten wir durch Differentiation auf beiden Seiten von (3.7) eine Integralgleichung für $h(t) := H'(t)$, der sog. *Erneuerungsdichte:*

$$h(t) = f_1(t) + \int_0^t h(t - u)\, f(u)\, \mathrm{d}u.$$

Die Lösung dieser Integralgleichung ist gemäß (3.6) durch

$$h(t) = \sum_{n=1}^{\infty} f^{(n)}(t) \tag{3.8}$$

gegeben. Aus dieser Darstellung bzw. aus (3.6) folgt eine für viele Anwendungen nützliche wahrscheinlichkeitstheoretische Interpretation von $H(t)$ bzw. $h(t)$: Bei hinreichend kleinem Δt ist $h(t)\, \Delta t$ die Wahrscheinlichkeit für das Auftreten einer Erneuerung im Intervall $[t, t + \Delta t]$ (genauer ist diese Wahrscheinlichkeit durch $h(t)\, \Delta t + o(\Delta t)\, (= H(t + \Delta t) - H(t))$ gegeben).

Die numerische Berechnung von $H(t)$ bzw. $h(t)$ vermittels (3.6) bzw. (3.8) ist im allgemeinen recht aufwendig.

In dem Spezialfall $F_1(t) \equiv F_s(t)$ mit

$$F_s(t) := \frac{1}{\mu} \int\limits_0^t \bar{F}(u)\, \mathrm{d}u, \qquad (3.9)$$

$\mu = \int\limits_0^\infty \bar{F}(t)\, \mathrm{d}t$, erhalten wir jedoch aus (3.7) nach einfacher Rechnung $H(t) = \dfrac{t}{\mu}$, während andererseits die Voraussetzung dieser speziellen Erneuerungsfunktion auf die Gültigkeit von $\bar{F}_1(t) \equiv F_s(t)$ [1]) führt. Daher haben wir den

Satz 3.1: *Es gilt genau dann* $H(t) = t/\mu$, *wenn* $F_1(t) = F_s(t)$ *ist.*

Im Fall $F_1(t) \equiv F_s(t)$ gilt also für alle $t \geqq 0$ $\mathsf{E}(N(t+d) - N(t)) = H(t+d) - H(t) = \dfrac{d}{\mu}$. D. h., der Erwartungswert der Anzahl aller Erneuerungen in einem Intervall $(t, t+d]$ hängt nicht von der Lage, sondern nur von der Länge des Intervalls ab. Diese Tatsache motiviert die folgende

Definition: Ein Erneuerungsprozeß heißt genau dann *stationär*, wenn $F_1(t) \equiv F_s(t)$ ist.

Man rechnet leicht nach, daß der zu $F_s(t)$ gehörige Erwartungswert $\mu_s := \int\limits_0^\infty \bar{F}_s(t)\, \mathrm{d}t$ durch

$$\mu_s = \frac{\mu}{2} + \frac{\sigma^2}{2\mu} \qquad (3.10)$$

mit $\sigma^2 := \int\limits_0^\infty (t - \mu)^2\, \mathrm{d}F(x)$ gegeben ist. Falls $F(t)$ zum Typ IHR gehört, gilt wegen des Korollars aus Satz 2.3

----

¹) In Anbetracht von (3.1) sei auf die Gültigkeit der Beziehung

$$F_s(t) = \int\limits_0^\infty F_x(t)\, \mathrm{d}F_s(x), \quad t \geqq 0,$$

hingewiesen.

für alle $t \geqq 0$

$$F(t) \leqq F_s(t).$$

Das Gleichheitszeichen wird für den Fall der Exponentialverteilung $F(t) = 1 - e^{-\lambda t}$, $t \geq 0$, angenommen. Es gilt also für einfache Erneuerungsprozesse mit exponentiell verteilten Lebenszeiten (POISSONscher Punktprozeß) wegen Satz 3.1 und $\mu = 1/\lambda$

$$H(t) = \lambda t \quad \text{und} \quad h(t) = \lambda, \quad t \geqq 0.$$

Die Exponentialverteilung ist überdies die einzige Verteilung mit der Eigenschaft $F(t) \equiv F_s(t)$. Denn aus der Gleichung

$$\frac{1}{\mu} \int\limits_0^t \bar{F}(u) \, du \equiv F(t)$$

erhalten wir nach Differentiation auf beiden Seiten (die Existenz der Dichte vorausgesetzt)

$$\frac{1}{\mu} \bar{F}(t) = F'(t) \quad \text{bzw.} \frac{1}{\mu} = \frac{F'(t)}{\bar{F}(t)} = q(t).$$

Gemäß (2.5) ist die Konstanz der Ausfallrate aber eine charakteristische Eigenschaft der Exponentialverteilung (die Anwendung der LAPLACE-Transformationen auf die Gleichung $F(t) \equiv F_s(t)$ liefert das gleiche Ergebnis ohne vorauszusetzen, daß die Verteilungsdichte $f(t) = F'(t)$ existiert).

Beispiel 3.2: Wir betrachten einen einfachen Erneuerungsprozeß mit ERLANG-verteilten Lebenszeiten mit den Parametern k und λ, d. h., es ist

$$f(t) = \frac{\lambda(\lambda t)^{k-1}}{(k-1)!} e^{-\lambda t}; \quad k > 0, \quad \text{ganz}; \quad \lambda > 0.$$

Gemäß (3.3) ist $f(t)$ die Verteilungsdichte einer Summe von k unabhängigen, exponentiell mit dem Parameter λ

verteilten Zufallsgrößen. Daher ist $\mathsf{P}(N(t) = n)$ die Wahrscheinlichkeit dafür, daß für einen POISSONschen Punktprozeß mit dem Parameter λ entweder nk, $nk + 1$, ... oder $(n + 1)\,k - 1$ Erneuerungen in $(0, t]$ stattfinden. Demnach gilt

$$\mathsf{P}\big(N(t) = n\big) = \left[\frac{(\lambda t)^{nk}}{(nk)!} + \frac{(\lambda t)^{nk+1}}{(nk + 1)!}\right.$$

$$\left. + \cdots + \frac{(\lambda t)^{(n+1)k-1}}{\big((n + 1)\,k - 1\big)!}\right] \mathrm{e}^{-\lambda t}.$$

Bei Anwendung von (3.5) erhalten wir für $H(t)$ die äquivalenten Darstellungen

$$H(t) = \frac{1}{k}\left[\lambda t + \sum_{j=1}^{k-1} \frac{b^j}{1 - b^j}\left[1 - \mathrm{e}^{-\lambda t(1-b^j)}\right]\right] \quad (3.11)$$

mit $b = \mathrm{e}^{2\pi i/k}$ bzw.

$$H(t) = \mathrm{e}^{-\lambda t} \sum_{n=1}^{\infty} \sum_{j=nk}^{\infty} \frac{(\lambda t)^j}{j!}. \quad (3.12)$$

Die zugehörige Erneuerungsdichte $h(t) = H'(t)$ hat die Gestalt

$$h(t) = \lambda \mathrm{e}^{-\lambda t} \sum_{j=1}^{\infty} \frac{(\lambda t)^{kj-1}}{(kj - 1)!}. \quad (3.13)$$

Unabhängig von (3.11) bzw. (3.12) folgt die Darstellung (3.13) unmittelbar aus der Interpretation von $h(t)$, die im Anschluß an Gleichung (3.8) gegeben wurde. Speziell erhalten wir für

$k = 1$: $H(t) = \lambda t$ (POISSONscher Punktprozeß)

$$k = 2: \quad H(t) = \frac{1}{2}\left(\lambda t - \frac{1}{2} + \frac{1}{2}\,\mathrm{e}^{-2\lambda t}\right)$$

$$k = 3: \quad H(t) = \frac{1}{3}\left[\lambda t - 1 + \frac{2}{\sqrt{3}}\,\mathrm{e}^{-3\lambda t/2}\sin\left(\frac{\sqrt{3}}{2}\lambda t + \frac{\pi}{3}\right)\right]$$

$$k = 4: \quad H(t) = \frac{1}{4} \left[\lambda t - \frac{3}{2} + \frac{1}{2}\, e^{-2\lambda t} \right.$$

$$\left. + \sqrt{2}\, e^{-\lambda t} \sin\left(\lambda t + \frac{\pi}{4}\right)\right].$$

Beispiel 3.4: Wir betrachten noch den Fall des einfachen Erneuerungsprozesses mit normalverteilten Lebenszeiten (Erwartungswert μ, Standardabweichung σ, $\mu \geq 3\sigma$). Da die Summe von n unabhängigen, normalverteilten Zufallsgrößen wieder normalverteilt ist und die Erwartungswerte und Streuungen sich entsprechend addieren, gilt

$$F^{(n)}(t) = \Phi\left(\frac{t - n\mu}{\sqrt{n}\,\sigma}\right), \qquad n = 1, 2, \ldots,$$

wobei wie früher mit $\Phi(t)$ die Verteilungsfunktion einer normalverteilten Zufallsgröße mit dem Erwartungswert 0 und der Streuung 1 bezeichnet wird. Wegen (3.6) haben wir

$$H(t) = \sum_{n=1}^{\infty} \Phi\left(\frac{t - n\mu}{\sqrt{n}\sigma}\right).$$

Die numerische Berechnung von $H(t)$ kann mit Hilfe der tabellierten Werte von $\Phi(t)$ (siehe z. B. [96]) ohne Schwierigkeiten erfolgen. Denn bei der Berechnung von $H(t)$ genügt es, nur die ersten Summanden zu berücksichtigen.

Da, wie bereits erwähnt, die exakte numerische Berechnung von $H(t)$ i. a. nicht möglich oder zumindest mit erheblichem Aufwand verbunden ist, sind für praktische Anwendungen Abschätzungen von $H(t)$ von großer Bedeutung. Eine erste Abschätzung erhalten wir auf Grund der Ungleichungen

$$F^{(n)}(t) = \mathsf{P}(Y_n < t) = \mathsf{P}\left(\max_{i=1,2,\ldots,n} X_i < t\right) \leq F_1(t)\,[F(t)]^{n-1},$$

$$n \geq 1.$$

In Verbindung mit (3.6) folgt

$$F_1(t) \leqq H(t) \leqq \frac{F_1(t)}{1 - F(t)}$$

(die linke Seite dieser Ungleichung ist evident). Diese Ungleichung liefert sicher nur für kleine t brauchbare Abschätzungen für $H(t)$. Zur Ableitung einer weiteren, von K. MARSHALL [92] gefundenen, Abschätzung für $H(t)$ definieren wir b_0 und b_1 durch

$$b_0 := \inf_{t \in B} \frac{F_1(t) - F_s(t)}{\bar{F}(t)} \quad \text{und} \quad b_1 := \sup_{t \in B} \frac{F_1(t) - F_s(t)}{\bar{F}(t)}$$

mit $B = \{t;\, F(t) < 1\}$, wobei $F_s(t)$ durch (3.9) gegeben ist. Aus diesen Definitionen folgt unmittelbar

$$b_0\, \bar{F}(t) \leqq F_1(t) - F_s(t) \leqq b_1\, \bar{F}(t).$$

Die Faltung mit $F^{(n)*}(t)$ liefert

$$b_0[F^{(n)*}(t) - F^{(n+1)*}(t)] \leqq F^{(n+1)}(t) - F_s * F^{(n)*}(t)$$

$$\leqq b_1\,[F^{(n)*}(t) - F^{(n+1)*}(t)].$$

Durch Summation über alle $n \geq 0$ erhalten wir auf Grund von (3.6) und Satz (3.1) die gesuchte Abschätzung:

$$t/\mu + b_0 \leqq H(t) \leqq t/\mu + b_1. \tag{3.14}$$

Wir bezeichnen mit $q_s(t)$ die zu $F_s(t)$ gehörige Ausfallrate. Wegen

$$q_s(t) = \frac{\bar{F}(t)}{\int\limits_t^\infty \bar{F}(x)\, \mathrm{d}x} \tag{3.15}$$

können wir im Falle eines einfachen Erneuerungsprozesses ($F_1(t) \equiv F(t)$) b_0 und b_1 in folgender Form schreiben:

$$b_0 = \inf_{t \in B} \frac{1}{\mu q_s(t)} - 1 \quad \text{und} \quad b_1 = \sup_{t \in B} \frac{1}{\mu q_s(t)} - 1. \tag{3.16}$$

Die Bestimmung von b_0 und b_1 ist damit in diesem Fall auf das Problem der Ermittlung der Extremwerte der Funktion $q_s(t)$ zurückgeführt. Eine notwendige Bedingung für das Vorliegen derartiger Extremwerte in $(0, \infty)$ erhalten wir aus $q_s'(t) = 0$ zu

$$q(t) = q_s(t).$$

Man überzeugt sich leicht von der Gültigkeit der Ungleichungen $\inf_{t\in B} q(t) \leq \inf_{t\in B} q_s(t)$ und $\sup_{t\in B} q(t) \geq \sup_{t\in B} q_s(t)$.
Daher folgt aus (3.14) unter der Voraussetzung $a \leq q(t) \leq b$ die Abschätzung

$$t/\mu + 1/\mu b - 1 \leq H(t) \leq t/\mu + 1/\mu a - 1. \qquad (3.17)$$

Wir illustrieren die Ergebnisse an einem Beispiel [92]: Es sei

$$F(t) = \begin{cases} 5t/7, & 0 \leq t \leq 1, \\ 1 - \dfrac{2}{7}\, e^{1-t}, & 1 \leq t. \end{cases}$$

Es folgen (Abb. 6)

$$q(t) = \begin{cases} 5/(7 - 5t), & 0 \leq t < 1, \\ 1, & 1 \leq t \end{cases}$$

und

$$q_s(t) = \begin{cases} \dfrac{14 - 10t}{13 - 14t + 5t^2}, & 0 \leq t < 1. \\ 1, & 1 \leq t. \end{cases}$$

(3.14) liefert wegen (3.16) in Verbindung mit $\inf q_s(t) = 1$ und $\sup q_s(t) = 1{,}25$ die Abschätzung

$$1{,}076t - 0{,}14 \leq H(t) \leq 1{,}076t + 0{,}08.$$

(3.17) liefert demgegenüber wegen $a = 5/7$ und $b = 2{,}5$

$$1{,}076t - 0{,}57 \leq H(t) \leq 1{,}076t + 0{,}51.$$

Wir setzen jetzt voraus, daß $F(t)$ zum Typ IHR gehört. In diesem Fall ist, wie man sich leicht überlegt, auch $F_s(t)$ IHR. Somit gilt inf $q_s(t) = q_0(0) = 1/\mu$, und daher folgt aus (3.16) $b_1 \leq 0$. Da andererseits stets $b_0 \geq -1$ gilt, erhalten wir in teilweiser Abschwächung von (3.14)

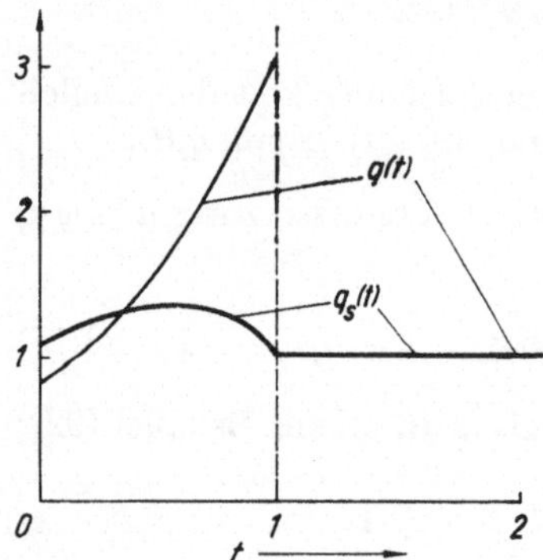

Abb. 6. Vergleich der Ausfallraten $q(t)$ und $q_s(t)$ (vgl. Beispiel im Text und [92])

für einfache Erneuerungsprozesse mit IHR-verteilten Lebenszeiten die wohlbekannte Abschätzung (vgl. [8])

$$t/\mu - 1 \leq H(t) \leq t/\mu. \qquad (3.18)$$

Durch Einsetzen der hierdurch gegebenen Schranken für $H(t)$ in die Erneuerungsgleichung (3.7) gelangen wir sofort zu einer schärferen Abschätzung (siehe Satz 2.3):

$$\frac{t}{\mu} - \frac{1}{\mu} \int_0^t \bar{F}(u) \, du \leq H(t) = \frac{t}{\mu} + F(t) - \frac{1}{\mu} \int_0^t \bar{F}(u) \, du.$$

$$(3.19)$$

Im Abschnitt 4.1.3. werden wir selbst diese Abschätzung für $H(t)$ noch verbessern.

3.3. *Grenzwertsätze der Erneuerungstheorie*

Wir interessieren uns in diesem Abschnitt für das Grenzverhalten der Erneuerungsfunktion $H(t)$ für $t \to \infty$. Dabei setzen wir stets voraus, daß die Erwartungswerte

$$\mu_1 = \int\limits_0^\infty \bar{F}_1(t)\, \mathrm{d}t \text{ und } \mu = \int\limits_0^\infty \bar{F}(t)\, \mathrm{d}t \text{ existieren.}$$

Von besonderer Bedeutung für die weiteren Abschnitte ist das folgende Theorem:

Theorem 1 (*Elementares Erneuerungstheorem*):

$$\lim_{t \to \infty} \frac{H(t)}{t} = \frac{1}{\mu}.$$

Zum Beweis dieses anschaulich klaren Sachverhaltes genügt es, sich auf einfache Erneuerungsprozesse zu beschränken. Im vorangegangenen Abschnitt wurde bereits nachgewiesen, daß stets $H(t) \geqq \dfrac{t}{\mu} - 1$ gilt. Daher folgt

$$\varliminf_{t \to \infty} \frac{H(t)}{t} \geqq \frac{1}{\mu}. \tag{i}$$

Wir definieren jetzt für jedes $\varepsilon > 0$ eine Ausfallrate $q^{(\varepsilon)}(t)$ durch

$$q^{(\varepsilon)}(t) = \max\left(q(t),\, \varepsilon\right).$$

Die zugehörigen Kenngrößen μ, $H(t)$ und $q_s(t)$ bezeichnen wir mit $\mu(\varepsilon)$, $H^{(\varepsilon)}(t)$ und $q_s^{(\varepsilon)}(t)$. Sicher gelten die Ungleichungen $H(t) \leqq H^{(\varepsilon)}(t)$ und $q_s^{(\varepsilon)}(t) \geqq \varepsilon$, $t \geqq 0$. Daher haben wir wegen (3.17)

$$\frac{H(t)}{t} \leqq \frac{H^{(\varepsilon)}(t)}{t} \leqq \frac{1}{\mu(\varepsilon)} + \frac{1}{t\varepsilon\, \mu(\varepsilon)}.$$

Also gilt für alle $\varepsilon > 0$

$$\varlimsup_{t \to \infty} \frac{H(t)}{t} \leqq \frac{1}{\mu(\varepsilon)}.$$

Aus dieser Abschätzung folgt wegen $\lim\limits_{\varepsilon\to 0}\mu(\varepsilon)=\mu$ in Verbindung mit (i) die Behauptung des Theorems.

Zum Beweis des Theorems 1 waren keinerlei speziellen Voraussetzungen über $F(t)$ notwendig. Auch für die Gültigkeit der folgenden Theoreme ist unsere generelle Voraussetzung der Stetigkeit von $F(t)$ nicht notwendig. Es genügt vorauszusetzen, daß $F(t)$ nicht gitterförmig ist.

Definition: Eine Verteilungsfunktion heißt *gitterförmig* genau dann, wenn sich ihre Wachstumspunkte t_i in folgender Form stellen lassen: Es existieren reelle Zahlen a und $h > 0$, so daß $t_i = a + ih$, $i = 0, 1, 2, \ldots$, gilt. Das heißt, die zughörige Zufallsgröße X ist diskret, und es gilt $\sum\limits_{i=0}^{\infty} p_i = 1$ mit $p_i = \mathsf{P}(X = t_i)$.

Wesentlich allgemeiner als das elementare Erneuerungstheorem ist das

Theorem 2 (*Fundamentales Erneuerungstheorem*):
Es sei $g(x)$ eine auf $(0, \infty)$ integrierbare Funktion. Dann gilt

$$\lim_{t\to\infty} \int\limits_0^t g(t - x)\,\mathrm{d}H(x) = \frac{1}{\mu} \int\limits_0^{\infty} g(x)\,\mathrm{d}x.$$

Dieses Theorem, das zuerst von SMITH [117] bewiesen wurde, erweist sich als nützliches Hilfsmittel bei der Lösung zahlreicher Aufgaben der Zuverlässigkeitstheorie. Insbesondere erhalten wir durch die spezielle Wahl

$$g(x) = \begin{cases} 1, & x \in (0, d), \\ 0, & \text{sonst,} \end{cases}$$

als unmittelbare Folgerung des fundamentalen Erneuerungstheorems das

Theorem 3 (BLACKWELLsches *Erneuerungstheorem*):
Für beliebige reelle d gilt

$$\lim_{t\to\infty} [H(t + d) - H(t)] = \frac{d}{\mu}.$$

Umgekehrt erhält man aus dem BLACKWELLschen Erneuerungstheorem durch eine Reihe von Routineabschätzungen das fundamentale Erneuerungstheorem (vgl. dazu TAKACS [122]). Für einen direkten Beweis von Theorem 3 sei auf BLACKWELL [22], FELLER [38], HERRMANN [55] und MATTHES [93] verwiesen. Die Gültigkeit der Theoreme 1—3 für stationäre Erneuerungsprozesse ist evident. Als weitere Folgerung des fundamentalen Erneuerungstheorems beweisen wir den

Satz 3.2: *Es sei* $\sigma^2 := \int\limits_0^\infty (t - \mu)^2 \, \mathrm{d}F(x) < \infty.$ *Dann gilt*

$$\lim_{t\to\infty} \left[H(t) - \frac{t}{\mu} \right] = \frac{\sigma^2}{2\mu^2} - \frac{\mu_1}{\mu} + \frac{1}{2}.$$

Beweis: Wir bezeichnen mit $H_e(t)$ die Erneuerungsfunktion, die zu dem durch $F(t)$ erzeugten einfachen Erneuerungsprozeß gehört. Ferner definieren wir eine Funktion $z(t)$ durch

$$z(t) := F_1(t) - F_s(t),$$

wobei $F_s(t)$ durch (3.9) gegeben ist. Man überzeugt sich auf Grund von (3.7) und Satz 3.1 leicht von der Gültigkeit der Darstellung

$$H(t) - \frac{t}{\mu} = z(t) + \int\limits_0^t z(t - x) \, \mathrm{d}H_e(x).$$

Das fundamentale Erneuerungstheorem liefert wegen $\lim\limits_{t\to\infty} z(t) = 0$ und (3.10)

$$\lim_{t\to\infty} \left[H(t) - \frac{t}{\mu} \right] = \frac{1}{\mu} \int\limits_0^\infty [F_1(t) - F_s(t)] \, \mathrm{d}t$$

$$= \frac{1}{\mu} \int\limits_0^\infty [\bar{F}_s(t) - \bar{F}_1(t)] \, \mathrm{d}t$$

$$= \mu_s - \mu_1 = \frac{1}{2} + \frac{\sigma^2}{2\mu^2} - \frac{\mu_1}{\mu}.$$

Damit ist der Satz bewiesen. Speziell folgt für einfache Erneuerungsprozesse ($\mu = \mu_1$)

$$\lim_{t\to\infty}\left[H(t) - \frac{t}{\mu}\right] = \frac{1}{2}\left(\frac{\sigma^2}{\mu^2} - 1\right).$$

Satz 3.2 liefert insbesondere $\lim\limits_{t\to\infty}\left(\dfrac{H(t)}{t} - \dfrac{1}{\mu}\right) = 0$, also gerade das elementare Erneuerungstheorem.

Von besonderer praktischer Bedeutung ist die Kenntnis der asymptotischen Verteilung der Anzahl $N(t)$ aller Erneuerungen in $(0, t]$ für $t \to \infty$. Da die VFL $F_1(t)$ des ersten Elements keinen Einfluß auf die asymptotische Verteilung hat (falls neben $\mu_1 < \infty$ auch $\sigma_1^2 :=$ $\int\limits_0^\infty (t - \mu_1)^2 \, \mathrm{d}F_1(x) < \infty$ vorausgesetzt wird), genügt es, diese nur für einfache Erneuerungsprozesse abzuleiten. Dazu gehen wir von der evidenten Beziehung

$$\mathsf{P}(N(t) \geqq n) = \mathsf{P}(Y_n < t) \qquad (3.20)$$

aus. Wenn wir mit Z_n die normierte Zufallsgröße $Z_n = \dfrac{Y_n - n\mu}{\sqrt{n}\,\sigma}$ bezeichnen, dann gilt auf Grund des zentralen Grenzwertsatzes der Wahrscheinlichkeitstheorie

$$\lim_{n\to\infty} \mathsf{P}(Z_n < t) = \Phi(t). \qquad (3.21)$$

Für jedes fixierte, aber beliebige $t > 0$ existiert eine Zahlenfolge $\{z_n\}$ $z_n = z_n(t)$, die $\lim\limits_{n\to\infty} z_n = z$ und $n = t/\mu + z_n \sqrt{t}$ erfüllt. Damit erhalten wir unter Berücksichtigung von (3.20)

$$\mathsf{P}\left(\frac{N(t) - t/\mu}{\sqrt{t}} \geqq z_n\right) = \mathsf{P}\left(Z_n < -\frac{z_n \mu \sqrt{t}}{\sigma\sqrt{t/\mu + z_n \sqrt{t}}}\right).$$

Nach Ausführung des Grenzüberganges $t \to \infty$ erhalten

wir wegen (3.21)

$$\lim_{t\to\infty} P\left(\frac{N(t) - t/\mu}{\sqrt{t}} \geq z\right) = 1 - \Phi\left(\frac{z\mu^{3/2}}{\sigma}\right).$$

Die Substitution $x = \dfrac{z\mu^{3/2}}{\sigma}$ liefert schließlich

$$\lim_{t\to\infty} \mathsf{P}\left(\frac{N(t) - t/\mu}{\dfrac{\sigma\sqrt{t}}{\mu^{3/2}}} \geq x\right) = 1 - \Phi(x).$$

Dieses Ergebnis formulieren wir in dem

Satz 3.3: *Für hinreichend große t ist $N(t)$ normalverteilt mit dem Erwartungswert $H(t) = t/\mu$ und der Varianz*

$$\mathsf{D}^2(N(t)) = \frac{\sigma^2 t}{\mu^3}.$$

Dieser Satz liefert für $N(t)$ das Konfidenzintervall (Konfidenzniveau $1 - \alpha$)

$$t/\mu - u_\alpha \frac{\sigma\sqrt{t}}{\mu^{3/2}} \leq N(t) \leq t/\mu + u_\alpha \frac{\sigma\sqrt{t}}{\mu^{3/2}},$$

wobei u_α durch $1 - \alpha/2 = \Phi(u_\alpha)$ definiert ist und in den Tabellen der normierten Normalverteilung abgelesen werden kann. Dieses Intervall überdeckt also die Anzahl aller Erneuerungen im Intervall $(0\ t]$ mit Wahrscheinlichkeit $1 - \alpha$, wobei α beliebig $(0 < \alpha < 1)$ vorgegeben werden kann.

3.4. *Rekurrenzzeiten*

3.4.1. *Rückwärtsrekurrenzzeit*

Gegeben sei wieder ein Erneuerungsprozeß $\{X_i, i = 1, 2, \ldots\}$. Wir bezeichnen mit ξ_t das Alter desjenigen Elements, das zur Zeit t gerade arbeitet. D. h., es ist

$$\xi_t = t - Y_{N(t)}.$$

Die zufällige Größe ξ_t heißt *Rückwärtsrekurrenzzeit*. Bei der Ableitung ihrer Verteilungsfunktion $R_t(x) := \mathsf{P}(\xi_t < x)$ gehen wir von der Gleichung

$$\mathsf{P}(\xi_t < x) = \mathsf{P}(Y_{N(t)} > t - x)$$

aus. Wir haben also wegen (3.6) und des Satzes über die totale Wahrscheinlichkeit für $x < t$

$$\mathsf{P}(Y_{N(t)} > t - x) = \sum_{n=1}^{\infty} \mathsf{P}(t - x < Y_n, \ N(t) = n)$$

$$= \sum_{n=1}^{\infty} \mathsf{P}(t - x < Y_n \leqq t < Y_{n+1})$$

$$= \sum_{n=1}^{\infty} \int_{t-x}^{t} \bar{F}(t - u) \, \mathrm{d}F^{(n)}(u)$$

$$= \int_{t-x}^{t} \bar{F}(t - u) \, \mathrm{d}\,H(u).$$

Insgesamt erhalten wir nach Ausführung der Transformation $u' = t - u$

$$R_t(x) = \begin{cases} \int\limits_0^x \bar{F}(u) \, \mathrm{d}\,H(t - u), & x < t, \\[2ex] 1, & x \geqq t \end{cases} \tag{3.22}$$

und für die zugehörige Verteilungsdichte $r_t(x) := R_t{}'(x)$ (die Existenz von $h(t) = H'(t)$ vorausgesetzt)

$$r_t(x) = \begin{cases} \bar{F}(x)\,h(t - x), & x < t, \\[1ex] 0, & x \geqq t. \end{cases} \tag{3.23}$$

Die Anwendung des fundamentalen Erneuerungstheorems liefert

$$\lim_{t \to \infty} R_t(x) = \frac{1}{\mu} \int\limits_0^x \bar{F}(u) \, \mathrm{d}u = F_s(x). \tag{3.24}$$

Die Grenzverteilung der Rückwärtsrekurrenzzeit ξ_t für $t \to \infty$ ist also durch die uns bereits bekannte Verteilungsfunktion $F_s(x)$ gegeben. Insbesondere erhalten wir für stationäre Erneuerungsprozesse wegen $H(t) = \dfrac{t}{\mu}$

$$R_t(x) \equiv F_s(x) \tag{3.25}$$

für alle $t \geq 0$. Die Verteilung der Rückwärtsrekurrenz zeit ist somit bei stationären Erneuerungsprozessen unabhängig vom Beobachtungszeitpunkt t.

3.4.2. Vorwärtsrekurrenzzeit

Analog zur Definition von ξ_t bezeichnen wir mit η_t die restliche Lebenszeit desjenigen Elements, das zur Zeit t gerade arbeitet, d. h., es ist

$$\eta_t = Y_{N(t)+1} - t.$$

Die zufällige Größe η_t heißt *Vorwärtsrekurrenzzeit*. Es gilt ($Y_0 := 0$)

$$P(\eta_t < t) = \sum_{n=0}^{\infty} P(Y_n < t \leq Y_{n+1} < t + x)$$

$$= F_1(t + x) - F_1(t)$$

$$+ \sum_{n=1}^{\infty} \int_0^\infty [F(t + x - u) - F(t - u)]\, dF^{(n)}(u).$$

Daher ist die Verteilungsfunktion $V_t(x) := P(\eta_t < t)$ der Vorwärtsrekurrenzzeit η_t durch

$$V_t(x) = F_1(t + x) - F_1(t) + \int_0^t [F(t + x - u)$$

$$- F(t - u)]\, d\, H(u)$$

4*

gegeben. Unter Benutzung der Beziehung

$$F_1(t) = \int_0^t \bar{F}(t-u)\,\mathrm{d}H(u) \qquad (3.26)$$

(sie ist der Erneuerungsgleichung (3.7) äquivalent), können wir $V_t(x)$ in einfacherer Form schreiben:

$$V_t(x) = F_1(t+x) - \int_0^t \bar{F}(t+x-u)\,\mathrm{d}H(u). \qquad (3.27)$$

Die zugehörige Verteilungsdichte $v_t(x) := V_t{}'(x)$ hat die Gestalt

$$v_t(x) = f_1(t+x) + \int_0^t f(t+x-u)\,h(u)\,\mathrm{d}u. \qquad (3.28)$$

Die Grenzverteilung der Vorwärtsrekurrenzzeit für $t \to \infty$ stimmt mit der der Rückwärtsrekurrenzzeit überein. Denn das fundamentale Erneuerungstheorem liefert wieder

$$\lim_{t\to\infty} V_t(x) = F_s(x). \qquad (3.29)$$

Analog zu (3.25) erhalten wir nach einfacher Rechnung für stationäre Erneuerungsprozesse wiederum

$$V_t(x) \equiv F_s(x) \qquad (3.30)$$

für alle $t \geq 0$.

Im Gegensatz zur Rückwärtsrekurrenzzeit hat der Erwartungswert der Vorwärtsrekurrenzzeit eine recht einfache Struktur. Es gilt nämlich

$$\mathsf{E}(\eta_t) = \mu_1 + \mu H(t) - t. \qquad (3.31)$$

Zum Nachweis dieser Beziehung gehen wir von Formel

(1.2) aus:

$$\mathsf{E}(\eta_t) = \int\limits_0^\infty \overline{V}_t(x)\,\mathrm{d}x = \int\limits_0^\infty \overline{F}_1(t+x)\,\mathrm{d}x$$

$$+ \int\limits_0^\infty \int\limits_0^t \overline{F}(t+x-u)\,\mathrm{d}H(u)\,\mathrm{d}x$$

$$= \int\limits_t^\infty \overline{F}_1(x)\,\mathrm{d}x + \int\limits_0^t \int\limits_{t-u}^\infty \overline{F}(x)\,\mathrm{d}x\,\mathrm{d}H(u)$$

$$= \int\limits_t^\infty \overline{F}_1(x)\,\mathrm{d}x$$

$$+ \int\limits_0^t \left(\mu - \int\limits_0^{t-u} \overline{F}(x)\,\mathrm{d}x\right) \mathrm{d}H(u)$$

$$= \int\limits_t^\infty \overline{F}_1(x)\,\mathrm{d}x + \mu H(t)$$

$$- \int\limits_0^t \int\limits_0^{t-u} \overline{F}(x)\,\mathrm{d}x\,\mathrm{d}H(u).$$

Aus (32.6) folgt jedoch durch Integration und Anwendung der DIRICHLETschen Formel[1]

$$\int\limits_0^t F_1(x)\,\mathrm{d}x = \int\limits_0^t \int\limits_0^{t-u} \overline{F}(x)\,\mathrm{d}x\,\mathrm{d}H(u).$$

Damit folgt wegen $\mu_1 = \int\limits_0^\infty \overline{F}_1(t)\mathrm{d}t$ die Behauptung

---

[1] DIRICHLETsche Formel (siehe z. B. BERG [21]:)

$$\int\limits_0^z \int\limits_0^y f(x,\,y)\,\mathrm{d}x\,\mathrm{d}y = \int\limits_0^z \int\limits_x^z f(x,y)\,\mathrm{d}y\,\mathrm{d}x$$

(die Existenz aller auftretenden Integrale wird vorausgesetzt).

(3.31):

$$E(\eta_t) = \int\limits_t^\infty \bar{F}_1(x)\, dx + \mu H(t) - \int\limits_0^t F_1(x)\, dx$$

$$= \mu_1 + \mu H(t) - t.$$

Speziell erhalten wir für stationäre Erneuerungsprozesse wegen Satz 3.1 und (3.10)

$$E\eta_t = \mu_1 = \frac{\mu}{2} + \frac{\sigma^2}{2\mu}.$$

Der Erneuerungsprozeß $\{X_i\}$ und die daraus abgeleiteten stochastischen Prozesse $\{\xi_t\}\ t \in [0, \infty)$ und $\{\eta_t\}\ t \in [0, \infty)$ der Rück- und Vorwärtsrekurrenzzeiten sind einander statistisch äquivalent. D. h., aus der Realisierung eines dieser Prozesse lassen sich die Realisierungen der anderen beiden umkehrbar eindeutig rekonstruieren. Insbesondere folgt aus Satz 3.1 sowie aus den Beziehungen (3.25) und (3.30) sofort die Gültigkeit des folgenden Sachverhaltes (vgl. Doob [33]): *Der Erneuerungsprozeß* $\{X_i\}$ *ist genau dann stationär, wenn der Prozeß* $\{\eta_t\}\ t \in [0, \infty)$ *(bzw.* $\{\xi_t\}\ t \in [0, \infty))$ *stationär*[1]*) ist.* Die Beziehungen (3.24) bzw. (3.29) beinhalten somit die Tatsache, daß für hinreichend große t jeder Erneuerungsprozeß ein stationäres Verhalten aufweist.

3.5.   *Kosten- bzw. zeitaufwendige Erneuerungen*

Bis jetzt haben wir bei der Analyse von Erneuerungsprozessen von ökonomischen Erwägungen stets abgesehen. In der Praxis sind jedoch Erneuerungen i. a. mit Kosten verbunden, und es interessieren insbesondere die durchschnittlichen Kosten je Zeiteinheit, die beim Ablauf eines

---

[1]) Da die stochastischen Prozesse $\{\xi_t\}$ und $\{\eta_t\}$ MARKOFFsch sind, genügt es, zum Nachweis ihrer Stationarität die Unabhängigkeit der eindimensionalen Verteilungen $P(\xi_t < x)$ bzw. $P(\eta_t < x)$ von t, $t \geq 0$, zu zeigen.

Erneuerungsprozesses auftreten. Zur Ableitung dieser Kenngröße bezeichnen wir mit C_i die Kosten der i-ten Erneuerung. Die C_i setzen wir als unabhängige und identisch wie C verteilte Zufallsgrößen voraus, $E(C) < \infty$. Es sind also $E(C)$ die mittleren Kosten einer Erneuerung. Dann gewinnen wir die beim unbeschränkten Ablauf des Erneuerungsprozesses durchschnittlich je Zeiteinheit auftretenden Kosten K durch folgende (heuristische) Überlegung:

Nach Definition gilt

$$K = \lim_{n \to \infty} \frac{\sum\limits_{i=1}^{n} C_i}{Y_n} \quad \text{bzw.} \quad K = \lim_{n \to \infty} \frac{\frac{1}{n} \sum\limits_{i=1}^{n} C_i}{\frac{1}{n} \sum\limits_{i=1}^{n} X_i}. \tag{3.32}$$

Da auf Grund des starken Gesetzes der großen Zahlen (siehe z. B. GNEDENKO [39])

$$\lim_{n \to \infty} \frac{1}{n} \sum_{i=1}^{\infty} C_i = E(C)$$

und

$$\lim_{n \to \infty} \frac{1}{n} \sum_{i=1}^{\infty} X_i = E(X)$$

mit $E(X) = E(X_2) = E(X_3) = \cdots$ ist, erhalten wir aus (3.32)

$$K = \frac{E(C)}{E(X)}. \tag{3.33}$$

Von besonderer praktischer Bedeutung ist der Fall, daß nichtzuvernachlässigende Erneuerungszeiten auftreten. Es sei etwa D_i die zufällige Zeitdauer, die für die i-te Erneuerung aufgewendet werden muß, $i = 1, 2,$ .... In diesem Falle gelangen wir zu den sogenannten „alternierenden Erneuerungsprozessen".

Definition: Eine Folge $\{(X_i, D_i),\ i = 1, 2, \ldots\}$ heißt *alternierender Erneuerungsprozeß* genau dann, wenn die Folgen $\{X_i,\ i = 1, 2, \ldots\}$ und $\{D_i,\ i = 1, 2, \ldots\}$ Erneuerungsprozesse sind und die Zufallsgrößen $\{X_i, D_i;\ i = 1, 2, \ldots\}$ voneinander vollständig unabhängig sind.

Zum Zeitpunkt $\sum_{i=1}^{n-1} (X_i + D_i) + X_n$ tritt also der n-te Versager ein, während zum Zeitpunkt $\sum_{i=1}^{n} (X_i + D_i)$ die n-te Erneuerung abgeschlossen wird (Abb. 7).

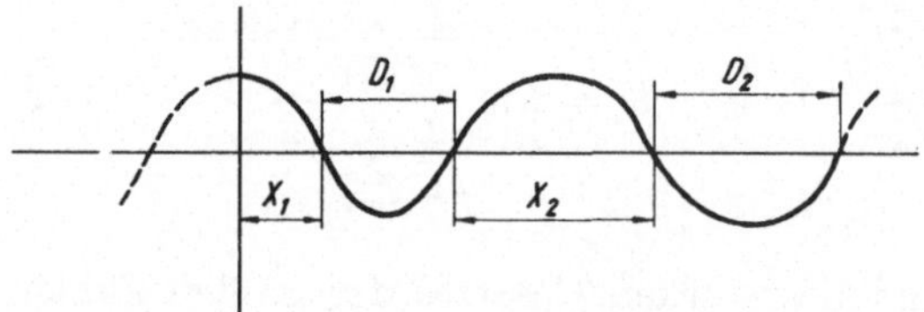

Abb. 7. Realisierung eines alternierenden Erneuerungsprozesses

Es interessiert nun die Verfügbarkeit des Elements, d. h. der durchschnittliche Anteil der Lebenszeit (Arbeitszeit, effektive Betriebszeit) je Zeiteinheit der Gesamtbetriebszeit (= Lebens- plus Erneuerungszeit) des Elements. Wenn wir die Erneuerungszeiten D_i für $i \geq 2$ als identisch wie D verteilte Zufallsgrößen mit dem endlichen Erwartungswert $E(D)$ voraussetzen, erhalten wir wieder durch Anwendung des starken Gesetzes der großen Zahlen analog zu (3.32) die Verfügbarkeit V des Elementes zu

$$V = \frac{E(X)}{E(X) + E(D)};\qquad (3.34)$$

wobei $E(D)$ die mittlere Dauer einer Erneuerung angibt. Für zahlreiche Anwendungen in der Zuverlässigkeitstheorie ist wichtig, daß die Beziehung (3.34) auch dann gilt, wenn X_i und D_i voneinander abhängig sind, $i = 1, 2, \ldots$.

Im allgemeinen läßt sich der Betriebsprozeß eines technischen Elements bzw. Systems nicht unmittelbar durch einen (alternierenden) Erneuerungsprozeß beschreiben. Jedoch gelingt es in vielen Fällen, die Betriebszeit eines Elements in statistisch äquivalente Zeitabschnitte (= Perioden) zu zerlegen. D. h., die Periodenlängen $\{X_i\}$ sind ebenso wie die in den Perioden auftretenden Kosten $\{C_i\}$ unabhängige, identisch verteilte Zufallsgrößen.[1]) Die durchschnittlichen Betriebskosten des Elements je Zeiteinheit sind dann offenbar wieder durch (3.33) gegeben, wenn die X_i bzw. C_i identisch wie X bzw. C verteilt sind. Von dieser Tatsache werden wir in den folgenden Abschnitten, ohne immer explizit darauf hinzuweisen, noch häufig Gebrauch machen. Die Perioden werden dabei jeweils durch verschiedene Erneuerungsstrategien festgelegt. Je nach der gewählten Strategie setzen sie sich aus der vollständigen oder einer partiellen Lebenszeit der Elemente sowie aus Stillstands- und Erneuerungszeiten zusammen. Die Kosten C_i werden durch prophylaktische Maßnahmen oder Havarieerneuerungen verursacht.

4. Erneuerung einfacher Systeme

Wir beschäftigen uns in diesem Abschnitt mit einigen ausgewählten Erneuerungsstrategien, die auf einelementige „Systeme" (bzw. auf Systeme, die vom Standpunkt der Instandhaltung als solche aufgefaßt werden können) zugeschnitten sind. Daher sprechen wir in diesem Abschnitt nicht von der Erneuerung eines Systems, sondern von der eines „Elements". Je nachdem, ob die Erneuerungen das Element in den ursprünglichen Zustand

---

[1]) Sieht man von den Kosten ab, so spricht man in diesen Fällen von „eingebetteten Erneuerungsprozessen".

zurückversetzen oder nicht, unterscheiden wir dabei zwischen *vollständigen* und *unvollständigen Erneuerungen.* Genauer sprechen wir in diesem Band von vollständigen Erneuerungen, wenn das Element nach Abschluß einer Erneuerung die gleiche VFL wie unmittelbar bei Betriebsbeginn hat. In der Praxis können vollständige Erneuerungen etwa durch Ersetzen ausgefallener Elemente durch identische neue Elemente oder durch Generalüberholungen (bei komplizierteren Systemen) realisiert werden. Wir beschränken uns in diesem Abschnitt stets auf die Betrachtung alternder Elemente (sonst wären prophylaktische Erneuerungen von vornherein unökonomisch). Ferner setzen wir voraus, daß die Verteilungsdichte $f(t) = F'(t)$ der Lebenszeit X des jeweils untersuchten Elements existiert.

4.1.　　Vollständige Erneuerungen

4.1.1.　Altersabhängige Erneuerung

Wir betrachten die folgende Erneuerungsstrategie:
Erneuere das Element unmittelbar nach einem Versager durch eine Havarieerneuerung (HE) oder führe eine prophylaktische Erneuerung (PE) durch, wenn es ohne auszufallen τ (= const) Zeiteinheiten gearbeitet hat.

Dabei setzen wir voraus, daß sowohl HE als auch PE vollständige Erneuerungen sind. Ferner nehmen wir an, daß PE bzw. HE die konstanten Kosten c_p bzw. c_h und die konstanten Erneuerungszeiten d_p bzw. d_h erfordern. Diese Parameter lassen sich gegebenenfalls auch als Erwartungswerte entsprechender Zufallsgrößen deuten. Das erneuerte Element wird sofort wieder in Betrieb genommen, und der Prozeß wird unbeschränkt fortgesetzt.

Eine Periode im Sinne von Abschnitt 3.5. definieren wir jetzt als die Zeit von der Inbetriebnahme des (erneuerten) Elements bis zum Abschluß der folgenden Erneuerung. Dann sind die in jeder Periode auftretenden zufälligen Kosten C durch

$$C = \begin{cases} c_p, & \mathsf{P}(C = c_p) = \bar{F}(\tau), \\ c_h, & \mathsf{P}(C = c_h) = F(\tau), \end{cases}$$

charakterisiert, während die zufällige Länge L einer Periode durch

$$L = \begin{cases} \tau + d_p & \text{für} \quad X \geqq \tau, \\ X + d_h & \text{für} \quad X < \tau \end{cases}$$

gegeben ist. Daher gilt

$$\mathsf{E}(C) = c_p \, \bar{F}(\tau) + c_h \, F(\tau),$$

$$\mathsf{E}(L) = \int\limits_0^\tau \bar{F}(u) \, \mathrm{d}u + d_p \, \bar{F}(\tau) + d_h \, F(\tau). \qquad (4.1)$$

Damit betragen die durchschnittlich je Zeiteinheit auftretenden Kosten $K(\tau)$ wegen (3.33)

$$K(\tau) = \frac{c_p \, \bar{F}(\tau) + c_h \, F(\tau)}{\int\limits_0^\tau \bar{F}(u) \, \mathrm{d}u + d_p \, \bar{F}(\tau) + d_h \, F(\tau)}. \qquad (4.2)$$

Unser Ziel besteht in der Minimierung der Kosten $K(\tau)$ durch geeignete Wahl von τ. Der optimale τ-Wert ist Lösung der Gleichung $\mathrm{d}K(\tau)/\mathrm{d}\tau = 0$ bzw.

$$q(\tau) \left[\int\limits_0^\tau \bar{F}(u) \, \mathrm{d}u + \frac{c_h \, d_p - c_p \, d_h}{c_h - c_p} \right] - F(\tau) = \frac{c_p}{c_h - c_p}. \qquad (4.3)$$

Die Existenz und Eindeutigkeit einer endlichen Lösung
dieser Gleichung hängt wesentlich von der Differenz
$c_h d_p - c_p d_h$ ab. Der anschauliche Hintergrund dafür
ist, daß sowohl kleine Erneuerungskosten als auch große
Erneuerungszeiten kleine Werte von $K(\tau)$ nach sich ziehen. Erneuerungskosten und -zeiten stehen jedoch in
der Praxis in engem Wechselverhältnis. Denn zwischen
(beliebigen) Erneuerungskosten c und der zugehörigen
Erneuerungszeit d besteht der Zusammenhang

$$c = c_m + v(d),$$

wobei c_m denjenigen Anteil an den Erneuerungskosten
angibt, der durch Material- und personellen Aufwand
verursacht wird, während $v = v(t)$ die Verlustkosten sind,
die durch eine Stillstandszeit des Elements von t Zeiteinheiten entstehen. Im allgemeinen ziehen große Erneuerungszeiten große Erneuerungskosten nach sich und
umgekehrt, so daß $v(t)$ als monoton wachsende Funktion
vorausgesetzt werden kann. Hier und im folgenden werden wir jedoch auf eine derartige Aufspaltung der auf
tretenden Erneuerungskosten verzichten, da diese für
die theoretischen Untersuchungen hier ohne Belang ist
(vgl. dazu CLEROUX, HANSCOM [25], SCHEAFFER [115]
und BEICHELT [15], S. 36—37).

Im vorliegenden Modell haben die Erneuerungszeiten
offenbar keinen direkten Einfluß auf den optimalen Wert
von τ, wenn $c_h d_p = c_p d_h$ ist. In diesem Fall (speziell also
für vernachlässigbar kleine Erneuerungszeiten) hat die
Gleichung (4.3) stets eine eindeutig bestimmte Lösung
$\tau = \tau_0$, wenn $q(t)$ streng monoton wachsend ist sowie
$c_h > c_p$ und

$$\mu q(\infty) > \frac{c_h}{c_h - c_p}$$

mit $\mu = \mathsf{E}(X)$ und $q(\infty) = \lim_{t \to \infty} q(t)$ gelten. Diese Tatsache resultiert aus dem folgenden

Lemma 4.1: *Es sei $q(t)$ streng monoton wachsend in t. Dann ist auch die Funktion*

$$q(t) \int\limits_0^t \bar{F}(u)\, du - F(t)$$

streng monoton wachsend in t.

Beweis: Für $0 \leq t_1 < t_2$ gilt nach Voraussetzung

$$q(t_1)\, F(u) - f(u) < q(t_2)\, F(u) - f(u).$$

Die linke (rechte) Seite dieser Ungleichung ist nichtnegativ für $0 \leq u \leq t_1$ ($0 \leq u \leq t_2$). Daher folgt

$$
\begin{aligned}
q(t_1) \int\limits_0^{t_1} \bar{F}(u)\, du - F(t_1) &= \int\limits_0^{t_1} [q(t_1)\, \bar{F}(u) - f(u)]\, du \\[2mm]
&< \int\limits_0^{t_1} [q(t_2)\, \bar{F}(u) - f(u)]\, du \\[2mm]
&< \int\limits_0^{t_2} [q(t_2)\, \bar{F}(u) - f(u)]\, du \\[2mm]
&= q(t_2) \int\limits_0^{t_2} \bar{F}(u)\, du - F(t_2).
\end{aligned}
$$

Damit ist das Lemma bewiesen.

Falls die Gleichung (4.3) die eindeutig bestimmte endliche Lösung $\tau = \tau_0$ hat, erhalten wir durch Kopplung der Gleichungen (4.2) und (4.3) die minimalen Kosten je Zeiteinheit zu

$$K(\tau_0) = \frac{(c_h - c_p)\, q(\tau_0)}{1 + (d_h - d_p)\, q(\tau_0)}.$$

Auch bei nichtzuvernachlässigenden Erneuerungszeiten ist es häufig zweckmäßig, anstelle von $K(\tau)$ die mittleren Kosten $\tilde{K}(\tau)$ je Zeiteinheit effektiver Betriebszeit zu minimieren. Dabei verstehen wir hier und im folgenden unter der „*effektiven Betriebszeit*" bzw. „*effektiven Arbeitszeit*" eines Elements seine Gesamtbetriebszeit abzüglich der Erneuerungszeiten (bezogen auf ein fixiertes Zeitintervall), s. Abschnitt 3.5. Durch dieses Vorgehen wird der direkte Einfluß der Erneuerungszeiten auf die Optimierung ausgeschlossen. $\tilde{K}(\tau)$ ist gegeben durch

$$\tilde{K}(\tau) = \frac{c_p \bar{F}(\tau) + c_h F(\tau)}{\int\limits_0^\tau \bar{F}(t)\,\mathrm{d}t}.$$

Offenbar gilt $K(\tau) \equiv \tilde{K}(\tau)$, wenn $d_p = d_h = 0$ ist.

Wenn während des Betriebsprozesses des Elements weniger die anfallenden Kosten, sondern mehr die effektive Betriebszeit interessiert, dann empfiehlt es sich, anstelle von $K(\tau)$ die Verfügbarkeit $V(\tau)$ des Elementes als Optimalitätskriteirum zu nehmen. Gemäß (3.34) und (4.1) haben wir

$$V(\tau) = \frac{\int\limits_0^\tau \bar{F}(u)\,\mathrm{d}u}{\int\limits_0^\tau \bar{F}(u)\,\mathrm{d}u + d_p \bar{F}(\tau) + d_h F(\tau)}, \qquad (4.4)$$

denn es ist $\int\limits_0^\tau \bar{F}(u)\,\mathrm{d}u$ die mittlere Dauer der effektiven Arbeitszeit des Elements je Periode. Ein in bezug auf $V(\tau)$ optimales Erneuerungsintervall $\tau = \tau_0$ ist Lösung der Gleichung

$$q(\tau) \int\limits_0^\tau \bar{F}(u)\,\mathrm{d}u - F(\tau) = \frac{d_p}{d_h - d_p}. \qquad (4.5)$$

Wegen Lemma 4.1 existiert eine eindeutige Lösung τ_0, $\tau_0 < \infty$, dieser Gleichung, wenn die Bedingungen $d_h > d_p$

und $\mu q(\infty) > d_h/(d_h - d_p)$ erfüllt sind. In diesem Fall ist die maximale Verfügbarkeit des Elements durch

$$V(\tau_0) = \frac{1}{1 + (d_h - d_p)\, q(\tau_0)}$$

gegeben.

4.1.2. Blockerneuerung

Die altersabhängige Erneuerung hat den Nachteil, daß die Zeitintervalle effektiver Betriebszeit, nach denen prophylaktische Erneuerungen stattfinden, bei Arbeitsbeginn des Elementes nicht bekannt sind. Dadurch wird die Organisation von Instandhaltungsmaßnahmen i. a. erschwert. Dieser Nachteil entfällt bei der folgenden Strategie im Falle vernachlässigbar kleiner Erneuerungszeiten.

Erneuere das Element nach jedem Versager durch eine Havarieerneuerung (HE) und führe jeweils nach einer effektiven Betriebszeit von τ Zeiteinheiten eine prophylaktische Erneuerung (PE) durch.

Im Gegensatz zur altersabhängigen Erneuerung können also beim Befolgen dieser Strategie u. U. auch recht frische Elemente prophylaktisch erneuert werden. PE und HE werden wieder als vollständige Erneuerungen vorausgesetzt, die die Kosten c_p bzw. c_h und die Zeiten d_p und d_h erfordern. Als Periode wählen wir die Zeitspanne zwischen zwei benachbarten PE. Die mittlere Länge $\mathsf{E}(L)$ einer Periode und die mittleren je Periode auftretenden Kosten $\mathsf{E}(C)$ betragen

$$\mathsf{E}(L) = d_p + d_h H(\tau)$$

und

$$\mathsf{E}(C) = c_p + c_h H(\tau),$$

wobei mit $H(t)$ die zu einem einfachen Erneuerungsprozeß mit der VFL $F(t)$ gehörige Erneuerungsfunktion bezeichnet wird. Die durchschnittlich je Zeiteinheit anfallenden

Kosten betragen daher

$$K(\tau) = \frac{c_p + c_h H(\tau)}{d_p + d_h H(\tau)}.$$

Falls ein optimales, endliches Erneuerungsintervall $\tau = \tau_0$ existiert, dann ist es Lösung der Gleichung

$$(c_h \tau + c_h d_p - c_p d_h)\, h(\tau) - c_h H(\tau) = c_p.$$

Wie im Falle der altersabhängigen Erneuerung haben die Erneuerungszeiten keinen direkten Einfluß auf τ_0, wenn $c_h d_p = c_p d_h$ gilt. Der minimale Wert von $K(\tau)$ beträgt

$$K(\tau_0) = \frac{c_h h(\tau_0)}{1 + d_h h(\tau_0)}.$$

Die Verfügbarkeit des Elements ist im Falle der Blockerneuerung durch

$$V(\tau) = \frac{\tau}{\tau + d_p + d_h H(\tau)} \qquad (4.6)$$

gegeben. Ein in bezug auf $V(\tau)$ optimales, endliches $\tau = \tau_0$ ist Lösung der Gleichung

$$\tau h(\tau) - H(\tau) = \frac{d_p}{d_h}, \qquad (4.7)$$

und die zugehörige minimale Verfügbarkeit hat den Wert

$$V(\tau_0) = \frac{1}{1 + d_h h(\tau_0)}.$$

Eine detaillierte mathematische Analyse der Blockerneuerung wird dadurch erschwert, daß die Erneuerungsfunktion $H(t)$ i. a. nicht in geschlossener Form angegeben werden kann. Im folgenden Abschnitt werden jedoch

Schranken für $H(t)$ bei IHR-verteilten Lebenszeiten abgeleitet, die es gestatten, $K(\tau)$ und $V(\tau)$ nach oben bzw. unten mit ausreichender Genauigkeit abzuschätzen. Eine Optimierung der zugehörigen oberen bzw. unteren Schranken für $K(\tau)$ und $V(\tau)$ ist dann ohne prinzipielle Schwierigkeiten möglich (die lineare Abschätzung (3.18) führt offenbar zu oberen bzw. unteren Schranken für $K(\tau)$ und $V(\tau)$, deren Optimierung kein endliches Erneuerungsintervall liefert).

4.1.3. *Abschätzung der Erneuerungsfunktion bei IHR-verteilten Lebenszeiten*

Wir bezeichnen mit $H_A(t)$ und $H_B(t)$ die mittlere Anzahl aller Erneuerungen in $(0, t]$ und mit $H_A{}^p(t)$ bzw. $H_A{}^h(t)$ und $H_B{}^p(t)$ bzw. $H_B{}^h(t)$ die mittlere Anzahl aller PE bzw. HE in $(0, t]$, jeweils für die altersabhängige und die Blockerneuerung. Dabei beziehen sich diese Kenngrößen, wie alle Überlegungen dieses Abschnittes, stets auf den Fall $d_p = d_h = 0$. Sicher gelten die Beziehungen

$$H_A(t) = H_A{}^p(t) + H_A{}^h(t)$$

und

$$H_B(t) = H_B{}^p(t) + H_B{}^h(t).$$

$$(4.8)$$

BARLOW und PROSCHAN bewiesen in [7] bzw. [8] die (anschaulich klaren) Ungleichungen

$$H_A(t) \leqq H_B(t) \qquad (4.9)$$

und

$$H_B{}^h(t) \leqq H_A{}^h(t). \qquad (4.10)$$

Aus diesen Ungleichungen folgt wegen (4.8)

$$H_A{}^p(t) \leqq H_B{}^p(t).$$

Mit Hilfe von (4.9) und (4.10) ist es leicht möglich, die Abschätzung (3.19) für $H(t)$ zu verschärfen. Zu diesem

Zweck betrachten wir die altersabhängige und die Blockerneuerung mit dem gleichen Erneuerungsintervall τ, $\tau > 0$. Da gemäß (4.1) $\int_0^\tau \bar{F}(t)\,dt$ im Falle der altersabhängigen Erneuerung der mittlere Abstand zwischen zwei benachbarten Erneuerungen ist ($d_p = d_h = 0$), folgt aus dem elementaren Erneuerungstheorem

$$\lim_{t\to\infty} \frac{H_A(t)}{t} = \frac{1}{\displaystyle\int_0^\tau \bar{F}(t)\,dt}. \qquad (4.11)$$

Ferner gilt auf Grund der Definition der Blockerneuerung

$$\lim_{t\to\infty} \frac{H_B{}^h(t)}{t} = \frac{H(\tau)}{\tau}, \qquad (4.12)$$

und daher

$$\lim_{t\to\infty} \frac{H_B(t)}{t} = \frac{H(\tau) + 1}{\tau}.$$

Hierbei ist $H(t)$ die zu einem einfachen Erneuerungsprozeß mit gemäß $F(t)$ verteilten Lebenszeiten gehörige Erneuerungsfunktion. Unter Berücksichtigung von (4.9) und (4.11) folgt

$$\frac{\tau}{\displaystyle\int_0^\tau \bar{F}(t)\,dt} - 1 \leqq H(\tau). \qquad (4.13)$$

Zur Konstruktion einer oberen Schranke für $H(\tau)$ berechnen wir zunächst den Erwartungswert der Zeit η_h zwischen zwei benachbarten HE im Falle der altersabhängigen Erneuerung.

Mit $W(t) := P(\eta_h < t)$ gilt unter der Bedingung $n\tau < t \leqq (n + 1)\,\tau$

$$\overline{W}(t) = [\bar{F}(\tau)]^n\,\bar{F}(t - n\tau).$$

Es folgt

$$E(\eta_h) = \int\limits_0^\infty \overline{W}(t)\, \mathrm{d}t = \sum_{k=0}^\infty [\overline{F}(\tau)]^n \int\limits_{n\tau}^{(n+1)\tau} \overline{F}(t - n\tau)\, \mathrm{d}t$$

bzw.

$$E(\eta_h) = \frac{\displaystyle\int\limits_0^\tau \overline{F}(t)\, \mathrm{d}t}{F(\tau)}. \tag{4.14}$$

Dieses Ergebnis bestätigt wegen Satz 2.3 die intuitive Vorstellung, daß bei IHR-verteilten Lebenszeiten der mittlere Abstand zwischen zwei benachbarten Versagern mit wachsendem Erneuerungsintervall τ abnimmt. Entsprechend erhalten wir den mittleren Abstand $E(\eta_p)$ zwischen zwei PE im Falle der altersabhängigen Erneuerung zu

$$E(\eta_p) = \frac{\displaystyle\int\limits_0^\tau \overline{F}(t)\, \mathrm{d}t}{\overline{F}(\tau)}.$$

Auf Grund des elementaren Erneuerungstheorems folgt aus (4.14) (die Abstände zwischen zwei benachbarten Versagern bilden im Falle der altersabhängigen Erneuerung offenbar einen Erneuerungsprozeß)

$$\lim_{t\to\infty} \frac{H_A{}^h(t)}{t} = \frac{F(\tau)}{\displaystyle\int\limits_0^\tau \overline{F}(t)\, \mathrm{d}t}. \tag{4.15}$$

Aus (4.10), (4.12) und (4.15) folgt

$$H(\tau) \leqq \frac{\tau F(\tau)}{\displaystyle\int\limits_0^\tau \overline{F}(t)\, \mathrm{d}t}.$$

Die Kopplung dieses Ergebnisses mit (4.13) liefert die gewünschte Abschätzung der Erneuerungsfunktion eines

5*

einfachen Erneuerungsprozesses bei IHR-verteilten Lebenszeiten [7]:

$$\frac{t}{\int\limits_0^t \bar{F}(u)\,\mathrm{d}u} - 1 \leqq H(t) \leqq \frac{tF(t)}{\int\limits_0^\tau \bar{F}(u)\,\mathrm{d}u}. \qquad (4.16)$$

4.2. *Unvollständige Erneuerung*

Im vorangegangenen Abschnitt haben wir stets vorausgesetzt, daß das Element sowohl durch prophylaktische als auch durch Havarieerneuerungen vollständig erneuert wird. Derartige Erneuerungsstrategien sind jedoch in der Praxis häufig technisch nicht zu realisieren oder vom ökonomischen Standpunkt aus von vornherein unzweckmäßig. In diesem Abschnitt werden wir den Fall betrachten, daß vollständige Erneuerungen (VE) des Elements nur zu bestimmen Zeitpunkten vorgenommen werden. Versagt das Element aber zwischen zwei benachbarten VE, so wird nur eine *unvollständige* bzw. *provisorische Erneuerung* (UE) durchgeführt, die zwar das Element wieder arbeitsfähig macht, die Ausfallrate des Elements aber unverändert läßt. Das heißt, nach dem Abschluß einer UE hat die Ausfallrate des Elements den gleichen Wert wie unmittelbar vor dem vorangegangenen Ausfall. Dieses Grundmodell entspricht dem in der Praxis häufig anzutreffenden Vorgehen, zwischen zwei Generalüberholungen (VE) einer komplizierten technischen Anlage nur die notwendigsten Reparaturen durchzuführen. Wir untersuchen im folgenden einige mögliche Erneuerungsstrategien, die sich voneinander nur durch die unterschiedliche Wahl der Zeitpunkte unterscheiden, an denen VE stattfinden sollen. Als Grundlage für die Ableitung der zugehörigen Optimalitätskriterien (mittlere Kosten je Zeiteinheit und Verfügbarkeit bei unbeschränkter Betriebszeit des Elements) dienen wieder die

Formeln (3.33) und (3.34). Angabe und Optimierung dieser Kriterien setzen jedoch das Studium des Verhaltens eines Elements voraus, das beim Auftreten von Versagern nur durch UE, die in vernachlässigbar kleiner Zeit erfolgen, erneuert wird. Wir untersuchen daher zunächst Eigenschaften der zu dieser einfachen Erneuerungsstrategie gehörigen Folge $\{X_k, k = 1, 2, \ldots\}$, wobei X_k den zufälligen Zeitpunkt angibt, an dem die k-te UE (bzw. der k-te Versager) des Elements erfolgt. Die Folge $\{X_k\}$ bildet wegen (2.4) und $F(+0) = 0$ offenbar einen ordinären, nichtstationären „Forderungsstrom" ohne Nachwirkung (bzw. einen einfachsten nichtstationären Forderungenstrom) mit dem Stromparameter $q(x)$.[1] Daher beträgt die Wahrscheinlichkeit

$$p_k(t) = \mathsf{P}(X_k \leq t \cap X_{k+1} > t)$$

für das Auftreten von $k = 0, 1, 2, \ldots$ Versagern im Intervall $(0, t]$ (siehe [51], Seite 86 oder [15], Seite 47)

$$p_k(t) = \frac{\left[\int_0^t q(x)\,\mathrm{d}x\right]^k}{k!} \exp\left(-\int_0^t q(x)\,\mathrm{d}x\right). \quad (4.17)$$

Insbesondere ist $Q(t) := \sum_{k=1}^{\infty} k p_k(t)$ bzw.

$$Q(t) = \int_0^t q(x)\,\mathrm{d}x \qquad (4.18)$$

der Erwartungswert der im Intervall $(0, t]$ auftretenden Versager (bzw. UE) des Elements. Auf Grund von (4.17)

---

[1] Ein Forderungsstrom heißt *ordinär*, wenn $p(t) = o(t)$ für $t \to 0$ gilt, wobei $p(t)$ die Wahrscheinlichkeit dafür ist, daß in $(0, t)$ mindestens zwei Forderungen (in unserem Falle also Versager) eintreffen.

Ein Forderungsstrom heißt *nachwirkungsfrei*, wenn die Wahrscheinlichkeit für das Auftreten von k Forderungen, $k = 0, 1, \ldots$, in einem Intervall $(t, t + T)$ unabhängig von der Anzahl und der Anordnung der vor diesem Zeitabschnitt eingetroffenen Forderungen ist (siehe [51], Seite 8).

ist die Verteilungsdichte $f_k(t)$ der Zufallsgröße X_k durch

$$f_k(t) = \frac{\big(Q(t)\big)^{k-1}}{(k-1)!}\, e^{-Q(t)}\, q(t), \quad k = 1, 2, \ldots, \quad (4.19)$$

gegeben. Wegen $f(t) = q(t)\, e^{-Q(t)}$ haben wir für $f_k(t)$ auch die äquivalente Darstellung

$$f_k(t) = \frac{\big(Q(t)\big)^{k-1}}{(k-1)!}\, f(t).$$

Durch partielle Integration erhalten wir Rekursionsgleichungen für die Erwartungswerte $E(X_k)$ der Zeit bis zum k-ten Versager, $k = 1, 2, \ldots$:

$$E(X_k) = \int_0^t t\, \frac{\big(Q(t)\big)^{k-1}}{(k-1)!}\, e^{-Q(t)}\, q(t)\, dt$$

$$= \left[t\, \frac{\big(Q(t)\big)^k}{k!}\, e^{-Q(t)} \right]_0^\infty + \int_0^\infty t\, \frac{\big(Q(t)\big)^k}{k!}\, e^{-Q(t)}\, q(t)\, dt$$

$$- \int_0^\infty \frac{\big(Q(t)\big)^k}{k!}\, e^{-Q(t)}\, dt$$

$$= E(X_{k+1}) - \int_0^\infty \frac{\big(Q(t)\big)^k}{k!}\, e^{-Q(t)}\, dt. \quad (4.20)$$

Wenn wir $Y_k := X_k - X_{k-1}$, $k = 1, 2, \ldots$, $X_0 := 0$, setzen (es ist also Y_k die Zeitdauer zwischen dem $(k-1)$-ten und dem k-ten Versager des Elements), dann folgt

$$E(Y_k) = \int_0^\infty \frac{(Q(t))^{k-1}}{(k-1)!}\, e^{-Q(t)}\, dt. \quad (4.21)$$

Da wir nur alternde Elemente betrachten, gilt

$$\mathsf{E}(Y_{k+1}) < \mathsf{E}(Y_k), \quad k = 1, 2, \ldots. \tag{4.22}$$

Zur Formulierung des folgenden Lemmas, das wir später benötigen werden, setzen wir

$$M(k) := \frac{\mathsf{E}(X_k) + a(k-1) + b}{\mathsf{E}(X_k) + c(k-1) + d}, \quad k = 1, 2, \ldots,$$

mit $0 \leqq a < c$.

Lemma 4.2.: *Es sei k_0 die kleinste natürliche Zahl k, die*

$$\mathsf{E}(X_k) - (k - 1 + \gamma)\,\mathsf{E}(Y_{k+1}) \geqq \frac{ad - bc}{c - a} \tag{4.23}$$

mit $\gamma := \dfrac{d - b}{c - a}$ *erfüllt. Wenn kein endliches k mit dieser Eigenschaft existiert, setzen wir $k_0 = \infty$. Dann gilt*

$$M(\bar{k}) = \max_{k=0,1,\ldots} M(k)$$

genau dann, wenn $\bar{k} = k_0$ ist. Im Falle $k_0 = \infty$ ist die Folge $\{M(k), \ k = 1, 2, \ldots\}$ monoton wachsend. k_0 ist eindeutig bestimmt, falls das Maximum von $M(k)$ nicht an zwei aufeinanderfolgenden Werten von k angenommen wird.

Beweis: Wir setzen $\Delta_k := \mathsf{E}(X_k) - (k - 1 + \gamma)\,\mathsf{E}(Y_{k+1})$, $k = 1, 2, \ldots.$ Man rechnet leicht nach, daß $M(k) - M(k + 1) \underset{(<)}{\geqq} 0$ genau dann gilt, wenn

$$\Delta_k \underset{(<)}{\geqq} \frac{ad - bc}{c - a}$$

ausfällt. Ferner ist wegen (4.22) für $k = 1, 2, \ldots$

$$\Delta_k - \Delta_{k-1}\,(k - 1 + \gamma)\,[\mathsf{E}(Y_k) - \mathsf{E}(Y_{k+1})] > 0.$$

Also ist die Folge $\{\Delta_k,\ k = 1,\ 2,\ \ldots\}$ streng monoton wachsend. Die Kombination der beiden Teilergebnisse impliziert bereits die Behauptung des Lemmas.

Die bisherigen Ergebnisse wurden unter der Annahme erzielt, daß UE in vernachlässigbar kleiner Zeit erfolgen. Bei der Analyse der folgenden Erneuerungsstrategien werden wir jedoch voraussetzen, daß UE und VE die konstanten Zeiten d_u bzw. d_v erfordern. Die zugehörigen Erneuerungskosten bezeichnen wir mit c_u bzw. c_v.

Strategie I: *Erneuere das Element jeweils nach τ Zeiteinheiten effektiver Betriebszeit vollständig* ($0 < \tau = $ const). *Bei einem Versager des Elements führe eine UE durch.*

Dabei verstehen wir wie früher unter der „effektiven Betriebszeit" des Elements seine Gesamtbetriebszeit abzüglich der Erneuerungszeiten. Im Falle $d_u = d_v = 0$ schreibt diese Strategie daher vor, VE zu fixierten Zeitpunkten τ, 2τ, $\ldots$ vorzunehmen. Auf Grund unserer Voraussetzungen haben wir wegen (4.18) die durchschnittlichen Kosten je Zeiteinheit

$$K(\tau) = \frac{c_v + c_u \int\limits_0^\tau q(x)\,\mathrm{d}x}{\tau + d_v + d_u \int\limits_0^\tau q(x)\,\mathrm{d}x}.$$

Ein optimales endliches Erneuerungsintervall $\tau = \tau_0$ ist Lösung der Gleichung

$$\left(d_v - d_u\,\frac{c_v}{c_u}\right) q(\tau) + \int\limits_0^\tau [q(\tau) - q(x)]\,\mathrm{d}x = \frac{c_v}{c_u}. \qquad (4.24)$$

Im Falle der Existenz von $\tau_0 < \infty$ (diese hängt wieder wesentlich von der Differenz $c_u d_v - c_v d_u$ ab) haben wir die minimalen mittleren Kosten je Zeiteinheit

$$K(\tau_0) = \frac{c_u q(\tau_0)}{1 + d_u q(\tau_0)}.$$

Die Verfügbarkeit des Elements hat beim Befolgen der Strategie I den Wert

$$V(\tau) = \frac{\tau}{\tau + d_v + d_u \int\limits_0^\tau q(x)\,\mathrm{d}x}.\qquad(4.25)$$

Ein in bezug auf $V(\tau)$ optimales Erneuerungsintervall ist Lösung der Gleichung $(d_u > 0)$

$$\int\limits_0^\tau [q(\tau) - q(x)]\,\mathrm{d}x = \frac{d_v}{d_u}.\qquad(4.26)$$

Eine eindeutige Lösung τ_0 dieser Gleichung existiert sicher, wenn $q(x)$ unbeschränkt und streng monoton wächst. In diesem Fall ist die maximale Verfügbarkeit des Elements durch

$$V(\tau_0) = \frac{1}{1 + d_u q(\tau_0)}$$

gegeben. Speziell hat für eine WEIBULL-verteilte Lebenszeit (Ausfallrate $q(x) = \alpha\lambda x^{\alpha-1}$, $\lambda > 0$, $\alpha > 1$) Gleichung (4.26) die eindeutige Lösung

$$\tau_0 = \left[\frac{d_v}{\lambda(\alpha - 1)\,d_u}\right]^{\frac{1}{\alpha}}.\qquad(4.27)$$

Strategie I wurde zuerst von BARLOW und HUNTER in [2] betrachtet. Die folgenden Strategien wurden — neben einer Reihe von weiteren Modifikationen unseres Grundmodells — von MAKABE und MORIMURA [84, 85, 86, 95] untersucht.

Strategie II: *Erneuere das Element nach dem ersten Versager, der nach dem Erreichen von τ Zeiteinheiten effektiver Betriebszeit auftritt, vollständig. In der Zwischenzeit beseitige Versager nur durch* UE.

Bei gleichen Erneuerungszeiten und -kosten ist diese Strategie effektiver als Strategie I, da durch VE das Anwachsen der effektiven Betriebszeit des Elements jetzt nicht unterbrochen wird. Gegenüber Strategie I bewirkt die Anwendung von Strategie II eine durchschnittliche Vergrößerung der effektiven Betriebszeit je Periode um

$$r(\tau) := e^{Q(t)} \int_\tau^\infty e^{-Q(t)} \, dt$$

Zeiteinheiten. Denn wegen (2.2) ist $r(\tau)$ die mittlere Lebenszeit eines Elements, dessen Ausfallrate bei Betriebsbeginn bereits den Wert $q(\tau)$ hat (es ist also $r(\tau)$ der Erwartungswert der „restlichen" Lebenszeit eines Elements, das bereits τ Zeiteinheiten ohne auszufallen gearbeitet hat). Daher hat die Verfügbarkeit des Elements den Wert (auf die Angabe der mittleren Kosten je Zeiteinheit wollen wir auf Grund der Analogie zu Strategie I verzichten)

$$V(\tau) = \frac{\tau + r(\tau)}{\tau + r(\tau) + Q(\tau)\, d_u + d_v}.$$

Ein optimales Erneuerungsintervall $\tau = \tau_0$ ist Lösung der Gleichung

$$\left(Q(\tau) + \frac{d_v}{d_u} - 1 \right) r(\tau) = \tau.$$

Im Falle der Existenz von τ_0 hat die maximale Verfügbarkeit des Elements den Wert

$$V(\tau_0) = \frac{\tau_0}{\tau_0 + d_u\big(Q(\tau_0) - 1\big) + d_v}.$$

Speziell ist für $q(x) = \alpha\lambda x^{\alpha-1}$ (WEIBULL-Verteilung, $\alpha > 1$) der optimale τ-Wert Lösung der folgenden transzendenten

Gleichung ($d_u > 0$)

$$\left(\lambda\tau^\alpha + \frac{d_v}{d_u} - 1\right) e^{\lambda\tau^\alpha} \int\limits_\tau^\infty e^{-\lambda t^\alpha}\, dt = \tau.$$

Im Gegensatz zur Strategie I tragen vollständige Erneuerungen des Elements im Rahmen der Strategie II nicht uneingeschränkt den Charakter von prophylaktischen Erneuerungen, da sie erst nach einem Ausfall des Elements vorgenommen werden und somit auch als Havarieerneuerungen angesehen werden können. Erneuerungen mit einem derartigen Doppelcharakter bezeichnen wir als „*prophylaktische Havarieerneuerungen*" (PHE). Sie treten in der folgenden Strategie sowie im Abschnitt 6 wieder auf.

Strategie III: *Erneuere das Element nach den ersten $k - 1$ Versagern durch eine* UE. *Nach dem k-ten Versager führe eine* VE *durch,* $k \geq 1$.

Im Unterschied zu allen bisher betrachteten Erneuerungsstrategien hängen die Optimalitätskriterien jetzt nicht von einer stetigen Variablen, sondern von einer diskreten Variablen, nämlich der Anzahl der Ausfälle, die zwischen zwei benachbarten VE eintreten, ab. Daher sind die entstehenden Optimierungsprobleme etwas komplizierter als früher.

Die mittleren Kosten je Zeiteinheit betragen bei Anwendung von Strategie III

$$K(k) = \frac{(k - 1)\, c_u + c_v}{\mathsf{E}(X_k) + (k - 1)\, d_u + d_v}.$$

Die Minimierung von $K(k)$ bzgl. k ist offenbar der Maximierung von $1/(1 + K(k))$ äquivalent. Daher ist Lemma 4.2 mit $a = d_u$, $b = d_v$, $c = c_u + d_u$ und $d = c_v + d_v$ anwendbar. Anstelle von (4.23) hben wir die Bedingung ($c_u > 0$)

$$\mathsf{E}(X_k) - \left(k - 1 + \frac{c_v}{c_u}\right) \mathsf{E}(Y_{k+1}) \geq \frac{c_v d_u - c_u d_v}{c_u}. \tag{4.28}$$

Das optimale $k = k_0$ ist daher gleich der kleinsten natürlichen Zahl k, die der Bedingung (4.28) genügt. Wenn kein endliches k mit dieser Eigenschaft existiert, gilt $k_0 = \infty$[1]). Auf Grund von (4.21) folgt sofort, daß für $c_v \leqq c_u$ und $c_v d_u - c_u d_v \leqq 0$ stets $k_0 = 1$ ist. Im allgemeinen ist jedoch eine explizite Angabe von k_0 mit Hilfe von (4.28) nicht möglich. Wir beschränken uns daher auf die Diskussion des wichtigen Spezialfalls einer WEIBULL-verteilten Lebenszeit des Elements. Es sei also

$$q(x) = \alpha \lambda x^{\alpha-1} \quad \text{bzw.} \quad Q(t) = \int\limits_0^t q(x)\, \mathrm{d}x = \lambda x^\alpha;$$

$$\alpha > 1,\ \lambda > 0.$$

Damit erhalten wir aus (4.20) nach einfacher Rechnung

$$\mathsf{E}(X_k) = \lambda^{-\frac{1}{\alpha}} \frac{\Gamma\left(k + \dfrac{1}{\alpha}\right)}{(k-1)!}, \quad k = 1, 2, \ldots.$$

Hierbei ist $\Gamma(x) := \int\limits_0^\infty t^{x-1}\, \mathrm{e}^{-t}\, \mathrm{d}t$ die uns bereits bekannte Gammafunktion, $x > 0$ $\big(\Gamma(x) = (x-1)!,$ falls x eine natürliche Zahl ist$\big)$. Wegen $\mathsf{E}(Y_{k+1}) = \mathsf{E}(X_{k+1}) - \mathsf{E}(X_k)$ und $\Gamma(x+1) = x\Gamma(x)$ (s. [89]) folgt

$$\mathsf{E}(Y_{k+1}) = \lambda^{-\frac{1}{\alpha}} \frac{\Gamma\left(k + \dfrac{1}{\alpha}\right)}{k!}, \quad k = 1, 2, \ldots.$$

Daher hat im Falle der WEIBULL-Verteilung die Bedingung (4.28) folgende Gestalt:

$$\frac{\Gamma\left(k + \dfrac{1}{\alpha}\right)}{(k-1)!}\left[1 - \left(k - 1 + \frac{c_v}{c_u}\right)\frac{1}{\alpha k}\right] \geqq \lambda^{\frac{1}{\alpha}} \frac{c_v d_u - c_u d_v}{c_u}.$$

$$(4.29)$$

---

[1]) Man überzeugt sich leicht davon, daß bei unbeschränkt wachsender Ausfallrate des Elements stets $k_0 < \infty$ gilt.

Da die Werte der Gammafunktion tabelliert sind (siehe z. B. [64]), bereitet es keinerlei Schwierigkeiten, das optimale $k = k_0$ als kleinste natürliche Zahl k, die dieser Ungleichung genügt, zu bestimmen. In dem wichtigen Spezialfall $c_v d_u = c_u d_v$ (insbesondere also für vernachlässigbar kleine Erneuerungszeiten) nimmt die Bedingung (4.29) eine besonders einfache Gestalt an:

$$k \geq \frac{1}{\alpha - 1}\left(\frac{c_v}{c_u} - 1\right). \qquad (4.30)$$

Es gilt also

$$k_0 = \left[\frac{1}{\alpha - 1}\left(\frac{c_v}{c_u} - 1\right)\right] + 1.$$

Dabei bezeichnen wir wie üblich mit $[x]$, $x > 0$, die größte ganze Zahl, die kleiner als x ist (im Falle $x < 0$ vereinbaren wir, $[x] = 0$ zu setzen). Es ist interessant, daß in diesem Spezialfall die durch k_0 gegebene optimale Erneuerungsstrategie vom Parameter λ der WEIBULL-Verteilung nicht abhängt.

Wir betrachten noch das Problem der Bestimmung eines bzgl. der Verfügbarkeit $V(k)$ optimalen k. Die Verfügbarkeit des Elements ist durch

$$V(k) = \frac{\mathsf{E}(X_k)}{\mathsf{E}(X_k) + (k - 1)\, d_u + d_v} \qquad (4.31)$$

gegeben. Daher ist Lemma 4.2 wiederum anwendbar, und mit $a = b = 0$, $c = d_u$ und $d = d_v$ geht die Bedingung (4.23) in

$$\mathsf{E}(X_k) - \left(k - 1 + \frac{d_v}{d_u}\right)\mathsf{E}(Y_{k+1}) \geqq 0 \qquad (4.32)$$

über. Das optimale $k = k_0$ ist also gleich der kleinsten natürlichen Zahl k, die der Bedingung (4.30) genügt. Durch Vergleich mit (4.28) erkennen wir: Die Maxi-

mierung der Verfügbarkeit ist der Minimierung der
mittleren Kosten je Zeiteinheit bei vernachlässigbar
kleinen Erneuerungszeiten äquivalent. Speziell nimmt

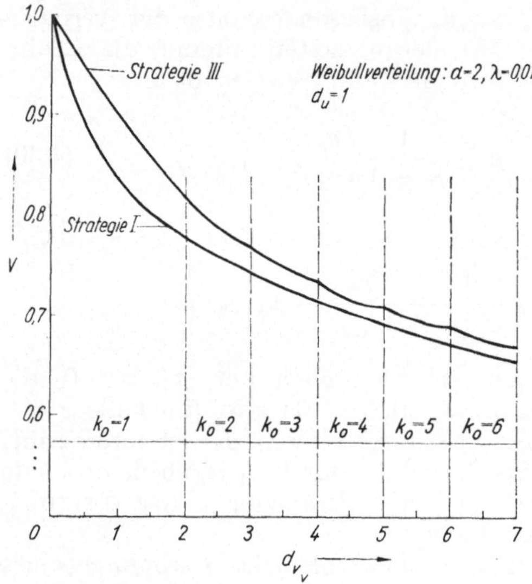

Abb. 8. Vergleich der Strategien I und III

also (4.32) für den Fall der WEIBULL-Verteilung gemäß
(4.30) die einfache Gestalt

$$k \geqq \frac{1}{\alpha - 1}\left(\frac{d_v}{d_u} - 1\right) \qquad (4.33)$$

an, und wir haben

$$k_0 = \left[\frac{1}{\alpha - 1}\left(\frac{d_v}{d_u} - 1\right)\right] + 1. \qquad (4.34)$$

Bei den bisher durchgeführten numerischen Vergleichen
der Strategie I, II und III (siehe [85, 86]) hat sich die

Strategie III sowohl in bezug auf die mittleren Kosten je Zeiteinheit als auch in bezug auf die Verfügbarkeit (siehe auch Abb. 8) als die günstigste erwiesen. Eine generelle Gültigkeit dieses Sachverhaltes, die von der Anschauung her zu erwarten ist, konnte jedoch noch nicht nachgewiesen werden.

5. Inspektion und Erneuerung

5.1. Einführung

Die praktische Anwendung der im vorangegangenen Abschnitt untersuchten Modelle setzt natürlich voraus, daß wir über den Zustand des Elements — arbeitend oder ausgefallen (andere werden auch in diesem Abschnitt nicht zugelassen) — zu jedem Zeitpunkt informiert sind. Die Instandhaltung vieler technischer Systeme, insbesondere von teil- oder vollautomatischen Anlagen sowie von Einrichtungen, die nur zu bestimmten Zeitpunkten benötigt werden (etwa militärische Abwehrsysteme) wird aber häufig gerade dadurch erschwert, daß diese Voraussetzung nicht erfüllt ist. In diesen Fällen bilden Inspektionen, die uns Auskunft über den Zustand eines derartigen Systems (das wir im folgenden wieder mit „Element" bezeichnen) einen unentbehrlichen Bestandteil der Instandhaltungsmaßnahmen. Da auf der einen Seite durch ein nicht arbeitendes Element Verlustkosten entstehen, andererseits aber auch Inspektionen mit Kosten verbunden sind, entsteht das Problem der in bezug auf die Gesamtkosten optimalen Planung von Inspektionen. Genauer betrachten wir im weiteren (bis auf Abschnitt 5.3.4) folgende Situation: Ein Element wird zum Zeitpunkt $t = 0$ in Betrieb genommen. Danach können wir über den Zustand des Elements nur durch Inspektionen Auskunft erhalten. Jede Inspektion geschehe in vernachlässigbar kleiner Zeit und verursache die konstanten

Kosten c, $0 < c < \infty$. Die Lebenszeit (Arbeitszeit) des
Elements sei eine zufällige Größe X mit der Verteilungsfunktion $F(t) := \mathsf{P}(X < t)$, $F(+0) = 0$. Wenn vom
Ausfall des Elements bis zur Entdeckung des Versagers
durch die nächstfolgende Inspektion die Zeit t verstreicht,
entstehen die Verlustkosten $v(t)$, wobei $v(t)$ für $t \geqq 0$
als stetig und streng monoton wachsend vorausgesetzt
wird, $v(t) = 0$ für $t < 0$, $\lim\limits_{t \to \infty} v(t) = \infty$ (Abb. 9).

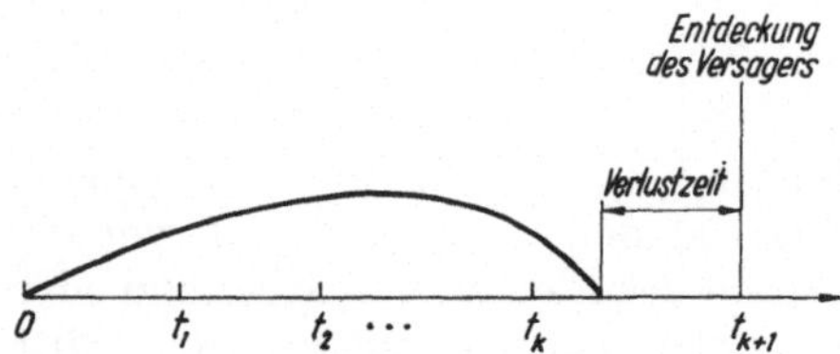

Abb. 9. Veranschaulichung des Inspektionsmodells

Im folgenden unterscheiden wir die Fälle
   a) Inspektion ohne Erneuerung (Abschnitt 5.2) und
   b) Inspektion mit Erneuerung (Abschnitt 5.3).
   Das heißt, im Falle a) schließen wir mit der Entdeckung
des Versagers die Betrachtung ab, während im Falle b) das
Element nach Entdeckung des Versagers erneuert wird,
und dieser Inspektions- und Erneuerungsvorgang unbeschränkt lange fortgesetzt wird. In beiden Fällen betrachten wir schließlich noch die Möglichkeiten, daß die Verteilung der Lebenszeit des Elements vollständig, nicht
oder nur teilweise bekannt ist. Im Fall ohne Erneuerung
verallgemeinern wir die Situation noch etwas, indem wir
voraussetzen, daß die Arbeit des Elements nur in einem
Zeitintervall $[0, T]$ interessiert, $0 < T < \infty$. Das heißt,
bei einem Versager des Elements nach $T(X \geq T)$ treten
nur die im Intervall $[0, T]$ angefallenen Inspektionskosten
auf. Dabei vereinbaren wir, im Falle $T < \infty$ zum Zeit-

punkt T stets zu inspizieren. Diese Vereinbarung ist jedoch für die mathematische Analyse des Modells unwesentlich. Im folgenden wird $L \geq T$ mit $L := \sup \{t;\ F(t) < 1\}$ vorausgesetzt.

Das Ziel besteht stets in der Minimierung des Erwartungswertes der im Intervall $[0, T]$ auftretenden Verlustkosten oder eines Funktionals dieser Größe durch eine in diesem Sinne optimalen Inspektionsstrategie. Dabei verstehen wir unter einer *Inspektionsstrategie S* ein Element der Menge $\mathfrak{S}$, wobei im Falle $T < \infty$

$$\mathfrak{S} = \{S = \{t_k\};\ 0 =: t_0 < t_1 < \cdots < t_n < t_{n+1} := T,$$

$$0 \leq n < \infty\} \tag{5.1}$$

und im Falle $T = \infty$

$$\mathfrak{S} = \left\{ S = \{t_k\};\ 0 =: t_0 < t_1 < t_k < \cdots, \right.$$

$$\left. \bigcup_{k=0}^{\infty} [t_k, t_{k+1}) = [0, \infty) \right\} \tag{5.2}$$

gesetzt wird. Hierbei sind für festes $S \in \mathfrak{S}$ die t_k konstante Zahlen (zum Zeitpunkt t_k findet die k-te Inspektion statt, wenn ein Ausfall des Elements nicht schon vorher entdeckt worden ist). Wenn im Falle $T < \infty$ die Anzahl n der Inspektionen von Interesse ist, bezeichnen wir mit S_n eine Strategie, die genau n Inspektionen (außer der bei T) vorschreibt. Da jede Strategie $S = \{t_k\}$ durch Angabe der Inspektionsintervalle $\delta_k := t_{k+1} - t_k$, $k = 0$, $1, \ldots$, eindeutig charakterisiert ist, schreiben wir anstelle von $S = \{t_k\}$ auch $S = \{\delta_k\}$. Von besonderem Interesse sind die streng periodischen Strategien:

Definition: Eine Strategie $S = S^{(\delta)}$ heißt *streng periodisch* mit dem Inspektionsintervall δ genau dann, wenn ein $\delta \in (0, \infty)$ mit der Eigenschaft $\delta_k = \delta$, $k = 0, 1, \ldots$, existiert.

5.2.   *Inspektion ohne Erneuerung*

5.2.1.   *Bekannte Lebenszeitverteilung*

Wir fixieren Strategien $S_n = \{t_k\}$ für $T < \infty$ und $S = \{t_k\}$ für $Q = \infty$. Zur Ableitung der zugehörigen Verlustkosten definieren wir Funktionen $g(t, t_{k+1})$ durch

$$g(t, t_{k+1}) := (k+1)\,c + v(t_{k+1} - t)$$

für $t_k < t \leqq t_{k+1}$ und $k = 0, 1, \ldots$. Der unter der Bedingung $t_k < X \leqq t_{k+1}$ auftretende Verlust beträgt dann $g(X, t_{k+1})$. Somit erhalten wir für den Erwartungswert der im Intervall $[0, T]$ insgesamt auftretenden Verlustkosten

$$K(S_n, F) = \sum_{k=0}^{n} \int_{t_k}^{t_k+1} g(t, t_{k+1})\, \mathrm{d}F(t) + (n+1)\,c\bar{F}(T) \quad (5.3)$$

im Falle $T = \infty$ und

$$K(S, F) = \sum_{k=0}^{\infty} \int_{t_k}^{t_k+1} g(t, t_{k+1})\, \mathrm{d}F(t) \quad\quad (5.4)$$

im Falle $T = \infty$.

Wir definieren für $T \leqq \infty$

$$K^*(F) = \inf_{S \in \mathfrak{S}} K(S, F).$$

Nach einer elementaren Abschätzung von $K(S^{(\delta)}, F)$ erhalten wir für alle $\delta \in (0, \infty)$ (siehe auch Abschnitt 5.2.2)

$$K^*(F) \leqq c + v(\delta) + \frac{\mu}{\delta}\,c. \quad\quad (5.5)$$

Für endliche $\mu = \mathsf{E}(X)$ ist also $K^*(F)$ stets beschränkt. Eine Strategie $S^* = \{t_k^*\}$, die der Bedingung $K^*(F)$

$= K(S^*, F)$ genügt, heißt optimal, (für $T < \infty$ schreiben wir auch genauer $S^* = S_{n*}^*$). Man überzeugt sich leicht von der Gültigkeit der Funktionalgleichung

$$K^*(F_x) = \inf_y \left\{ \int_0^y v(y - t)\, \mathrm{d}F_x(t) + K^*(F_{x+y})\, \bar{F}_x(y) + c \right\},$$

$$(5.6)$$

wobei F_x durch (2.1) gegeben ist, $0 \leq x < T$. Falls $F(t)$ stetig ist und für $T = \infty$ auch $\mu < \infty$ gilt, dann wird das Infimum in (5.6) für ein $y^* = y^*(x)$ angenommen (dieser Sachverhalt wurde in [16] bewiesen). In diesem Fall läßt sich durch sukzessive Anwendung von (5.6), beginnend mit $x = 0$, eine optimale Strategie konstruieren. Gleichzeitig liefert dieses Vorgehen das

Lemma 5.1: *Es sei* $S^* = \{t_k^*\}$ *bzw.* $S^* = \{\delta_k^*\}$, $\delta_k^* = t_{k+1}^* - t_k^*$, $k = 0, 1, \dots$, *eine optimale Strategie. Dann ist* δ_k^* *der erste optimale Inspektionszeitpunkt in bezug auf die Verlustfunktion* $K^*(S, F_{t_k^*})$, $t_k^* < T$.

Der geschilderte konstruktive Beweis für die Existenz einer optimalen Strategie unter den genannten Voraussetzungen liefert jedoch kein numerisch brauchbares Verfahren für ihre praktische Berechnung. Mit diesem Problem werden wir uns im folgenden beschäftigen. Dabei setzen wir stets voraus, daß $v(t)$ in $(0, \infty)$ einmal stetig differenzierbar ist und daß die Verteilungsdichte $f(t) = F'(t)$ der Lebenszeit des Elements existiert und überdies $f(t)$ eine POLYA-Dichte der Ordnung $2(\mathrm{PD}_2)$ ist (siehe Abschnitt 2).

Eine optimale Strategie befriedigt die notwendigen Bedingungen $\partial K(\{t_k\}, F)/\partial t_k = 0$, die gemäß (5.3) bzw. (5.4) den Bedingungen

$$v(t_{k+1} - t_k) = \int_0^{t_k - t_{k-1}} \frac{f(t_k - t)}{f(t_k)}\, \mathrm{d}v(t) - c, \quad k = 1, 2, \dots,$$

$$k \leq \infty \quad (5.7)$$

6*

äquivalent sind. Speziell erhalten wir für $v(t) = at$, $a > 0$,

$$t_{k+1} - t_k = \frac{F(t_k) - F(t_{k-1})}{f(t_k)} - \frac{c}{a}. \qquad (5.7')$$

Gemäß Satz 2.5 ist $f(t) > 0$ für $t \in (0, L)$. Ist einmal $t_1 > 0$ fest gewählt, dann lassen sich vermittels (5.7) die $t_2, t_3, \dots$ eindeutig berechnen. Somit ist das Problem der Bestimmung einer optimalen Strategie auf das der Ermittlung eines optimalen $t_1 = t_1{}^*$ zurückgeführt. Die Lösung dieses Problems erfordert eine Reihe von weiteren Definitionen.

Es sei $\varphi(t_1) := \{t_k\}$ die ausgehend von einem $t_1 > 0$ durch (5.7) erzeugte Zahlenfolge. Vereinbarungsgemäß breche sie bei t_n ab, wenn für $k = n$ die rechte Seite von (5.7) nicht positiv ausfällt oder $t_n \geq T$ ist. Da $f(t)$ vom Typ PD_2 ist, gilt das

Lemma 5.2: *In $\varphi(t_1) = \{t_k\}$ sind die $t_k = t_k(t_1)$, sofern sie definiert sind, differenzierbare und streng monoton wachsende Funktionen in t_1.*

Es sei d_0 die kleinste Zahl mit der Eigenschaft, daß die durch ein $t_1 \geq d_0$ erzeugte Zahlenfolge $\{t_k\}$ die Bedingung $\bigcup\limits_{k=0}^{\infty} [t_k, t_{k+1}) \supseteq [0, T)$ erfüllt. Die Existenz von d_0 ist durch Lemma 5.2 gesichert.

Fall 1: $T < \infty$. Es sei N die größte natürliche Zahl n, für die das System (5.7) eine Lösung $S_n \in \mathfrak{S}$ hat. Wegen Lemma 5.2 existieren dann auch für alle $m \leq N$ Lösungen S_m von (5.7). Die Bestimmung der optimalen Strategie $S_{n*}^* = \{t_k{}^*\}$ kann daher prinzipiell durch Vergleich der Kosten $K(S_m, F)$, $m = 0, 1, \dots, N$, erfolgen. Ein zumindest für große N rationelleres Verfahren resultiert in einem wichtigen Spezialfall aus dem folgenden

Satz 5.1: *Es sei $T = L$. Dann gelten die Beziehungen $t_1{}^* = d_0$ und $n^* = N$.*

Ein elementarer Beweis dieses Satzes, dessen Behauptungen wegen Lemma 5.2 offenbar einander äquivalent sind, findet sich in [16]. Dieser Satz und Lemma 5.2 rechtfertigen das folgende Approximationsverfahren zur Berechnung von t_1^*, wenn $T = L$ ist.

Algorithmus 1:

1. Wähle $t_1 > 0$ und berechne die Zahlenfolge
    $$\varphi(t_1) =: \{t_1, t_2, \ldots, t_n\}$$
2.1. Gilt $t_n > T$, verkleinere t_1 und wiederhole 1.
2.2. Gilt $t_n < T$, vergrößere t_1 und wiederhole 1.
2.3. Gilt $t_n = T$, berechne die Folge
$$\varphi(t_1') =: \{t_1', t_2', \ldots, t_{n'}'\}, \quad t_1' = t_1 - \varepsilon, \quad 0 < \varepsilon < t_1.$$
Wenn auch bei beliebig kleinem ε noch $t_{n'}' \geq T$ ausfällt, verkleinere t_1 und wiederhole 1. Sonst gilt bereits $t_1 = t_1^*$.

Beispiel 5.1: Die Lebenszeit X des Elements sei im Intervall $(0, T)$ gleichverteilt. Das System (5.7) vereinfacht sich hier zu

$$v(\delta_k) = v(\delta_{k-1}) - c, \quad k = 1, 2, \ldots, n,$$

$$\sum_{k=0}^{n} \delta_k = T. \tag{5.8}$$

Behauptung: *Es ist $n^* = N$ die größte Zahl n, die der Bedingung*

$$\sum_{k=0}^{n} v^{-1}(kc) < T \tag{5.9}$$

genügt. Hierbei ist $v^{-1}(x)$ die Umkehrfunktion von $v(t)$.

Zum Beweis der Behauptung genügt es zu zeigen, daß die Bedingung (5.9) an n notwendig und hinreichend für die Existenz einer Lösung $S_n = \{\delta_k\} \in \mathfrak{S}$ ist. Wenn $S_n = \{\delta_k\}$ Lösung von (5.8) ist, gelten wegen $v(\delta_0) > nc$ auch die Ungleichungen $v(\delta_k) > (n - k)\,c, k = 0, 1, \ldots, n$, woraus aber wegen $\sum_{k=0}^{n} \delta_k = T$ die Notwendigkeit folgt. Umgekehrt sei nun für ein n die Forderung (5.8) erfüllt. Ausgehend von einem beliebigen δ_0 mit $v(\delta_0) - nc > 0$

erzeugen wir eine Folge $\{\delta_k\}$, $k = 0, 1, \ldots, n$, als Lösung der Gleichungen $v(\delta_k) = v(\delta_{k-1}) - c$, $k = 1, 2, \ldots, n$. Dann gilt $\sum\limits_{k=0}^{n} \delta_k > \sum\limits_{k=0}^{n} v^{-1}(kc)$, und δ_1 läßt sich überdies auf Grund der Stetigkeit von $v(t)$ stets so bestimmen, daß $\sum\limits_{k=0}^{n} \delta_k = T$ gilt. Damit ist die Behauptung bewiesen. Insbesondere erhalten wir bei linearer Verlustfunktion $v(t) = at$, $a > 0$, als Lösung von (5.8)

$$t_k = k \left[\frac{T}{n+1} + \frac{c}{2a} (n - k + 1) \right], \quad k = 1, 2, \ldots, n + 1.$$
$$(5.10)$$

Anstelle von (5.9) haben wir

$$n(n + 1) < \frac{2aT}{c}. \tag{5.11}$$

Beispiel 5.2: Es seien $\bar{F}(t) = e^{-0,0004t^2}$ (WEIBULL-Verteilung mit den Parametern $\alpha = 2$ und $\lambda = 0,0004$) gestutzt bzgl. $x = T$ gemäß (5.12), und $c/a = 2$. In Abb. 10 ist in Abhängigkeit der minimalen relativen Kosten K^*/c von T dargestellt (s. URBAN [124]).

Fall 2: $T = \infty$. Durch Einführung der gestutzten Verteilungsfunktion

$$\tilde{F}(t) = \begin{cases} F(t)/F(x), & 0 \leqq t \leqq x, \\ 1, & x < t, \end{cases} \tag{5.12}$$

läßt sich auch in diesem Fall auf Grund von Satz 5.1 eine Strategie $\tilde{S}$ so angeben, daß $K(\tilde{S}, F) - K^*(F) < \varepsilon$ ausfällt, wenn nur x genügend groß gewählt wird. Dabei werden die Inspektionen, die S in $[0, x]$ vorschreibt, gemäß Algorithmus 1 bestimmt, wenn dort F durch $\tilde{F}$ ersetzt wird. Die Inspektionen in (x, ∞) können beliebig, etwa in konstanten Abständen, erfolgen (eine genaue Begründung dieses intuitiv klaren Sachverhaltes wird in [16] gegeben). Aus den folgenden Betrachtungen ergibt sich eine weitere Möglichkeit, die optimale Strategie approximativ zu berechnen. Zugleich werden interessante Eigenschaften der optimalen Strategie bewiesen, insbesondere die Eindeutigkeit. Dabei stützen wir uns auf das folgende Lemma, dessen Beweis analog zu dem von

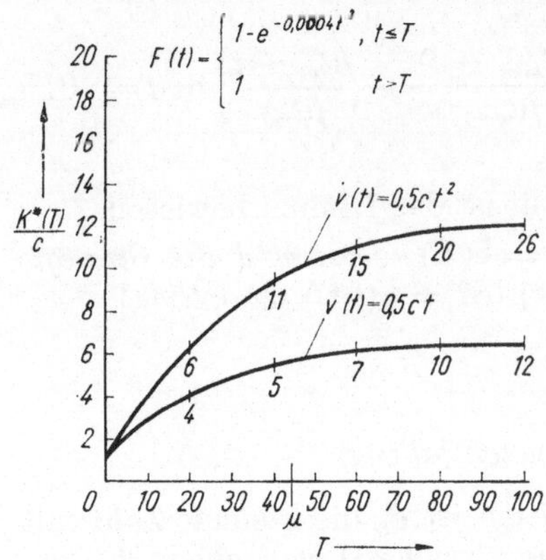

Abb. 10. Erwartungswert der relativen Verlustkosten in Abhängigkeit von T (die Zahlen an den Kurven geben die zu den jeweiligen T-Werten gehörende optimale Anzahl von Inspektionen an)

BARLOW, HUNTER und PROSCHAN in [3] für lineare $v(t)$ geführten erbracht werden kann:

Lemma 5.3: *Es sei* $\varphi(t_1) = \{t_k\}$ *bzw.* $\varphi(t_1) = \{\delta_k\}$ *die von einem* $t_1 \geq d_0$ *erzeugte Folge. Dann gilt*

$$\frac{dv(\delta_k)}{dt_1} \geq \frac{f(t_1)}{f(t_k)} \frac{dv(\delta_1)}{dt_1}, \quad k = 1, 2, \ldots \quad (5.13)$$

Lemma 5.4: *Es sei* $\varphi(t_1) = \{\delta_k\}$. *Dann gibt es im Falle* $t_1 > d_0$ *stets ein* $m \geq 0$, *so daß die Teilfolge* $\{\delta_\nu, \nu = m, m+1, \ldots\}$ *unbeschränkt monoton wachsend ist.*

Beweis: Da für $k \to \infty$ der Bruch $f(t_1)/f(t_k)$ unbeschränkt wächst und stets $dv(\delta_1)/dt_1 > 0$ ist, verursacht wegen

(5.13) ein Anwachsen von t_1, ausgehend von d_0, in $\varphi(t_1) = \{\delta_k\}$ für genügend große k eine beliebig große Änderung von $v(\delta_k)$ und somit von δ_k. Daher ist die Folge $\{\delta_k\}$ unbeschränkt wachsend. Insbesondere existiert ein $m > 0$ mit der Eigenschaft $\delta_m \geqq \delta_{m-1}$. In Verbindung mit (5.7) folgt

$$v(\delta_{m+1}) - v(\delta_m) \geqq \int\limits_0^{\delta_{m-1}} \left[\frac{f(t_{m+1} - t)}{f(t_{m+1})} - \frac{f(t_m - t)}{f(t_m)} \right] \, \mathrm{d}v(t) \geqq 0 \,.$$

Also gilt $\delta_{m+1} \geqq \delta_m$. Damit ist das Lemma bewiesen.

Satz 5.2: *Es sei $\mu = \mathsf{E}(X) < \infty$, und die Strategie $S^* = \{t_k{}^*\}$ bzw. $S^* = \{\delta_k{}^*\}$ ($S^* = \varphi(t_1{}^*)$) sei optimal. Dann gelten*

(1) $t_1{}^* = d_0$, *und*

(2) *die Folge $\{\delta_k{}^*\}$ ist monoton fallend.*

Beweis: Nach Definition ist d_0 die kleinste Zahl mit der Eigenschaft, daß die ausgehend von einem $t_1 \geqq d_0$ erzeugte Folge $\varphi(t_1) = \{t_k\}$ nicht für ein $k = n < \infty$ abbricht. Daher ist der Fall $t_1{}^* < d_0$ von vornherein ausgeschlossen.

Im Falle $t_1{}^* > d_0$ ist nach Lemma 5.4 die Folge $\{\delta_k{}^*\}$ für $k \geqq m$ unbeschränkt monoton wachsend. Daher haben wir wegen (5.6)

$$K^*(F_{t_\nu}{}^*) \geqq \int\limits_0^{\delta_\nu{}^*} v(\delta_\nu{}^* - t) \, \mathrm{d}F_{t_\nu}{}^*(t) \xrightarrow[\nu \to \infty]{} \infty \,.$$

Wegen (5.5) ist $K^*(F_x)$ aber gleichmäßig beschränkt in x, da mit $f(t)$ auch $\bar{F}(t)$ vom Typ PF_2 ist, und somit der Erwartungswert $\mu(x) := \int\limits_0^\infty \bar{F}_x(t) \, \mathrm{d}t$ monoton fällt mit wachsendem x. Damit ist der gewünschte Widerspruch erzielt und die erste Behauptung des Satzes bewiesen. Die zweite Behauptung folgt aber wegen Lemma 5.1 unmittelbar aus der ersten.

Aus diesem Satz resultiert in Verbindung mit Lemma 5.4 das folgende Approximationsverfahren zur Berechnung der optimalen Strategie (siehe auch [3]):

Algorithmus 2:

1. Wähle $t_1 > 0$ und berechne $\varphi(t_1) = \{\delta_k\}$.
2.1. Gilt für ein n die Ungleichung $\delta_n > \delta_{n-1}$, verkleinere t_1 und wiederhole 1.
2.2. Bricht die Folge $\{\delta_k\}$ für ein $k = n$ ab, vergrößere t_1 und wiederhole 1.

Dabei scheint es zweckmäßig, den Ausgangswert t_1 so zu wählen, daß

$$c = \int\limits_0^{t_1} v(t_1 - t)\, \mathrm{d}F(t)$$

erfüllt ist. Die Kosten einer Inspektion werden hier den Kosten eines nichtentdeckten Versagers gegenübergestellt.

Die Anwendung dieses Algorithmus auf Testbeispiele hat gezeigt, daß er numerisch wenig effektiv ist. Daher empfiehlt sich das bereits erwähnte Vorgehen, durch Wahl eines hinreichend großen T und Übergang zur gemäß (5.12) gestutzten Verteilung ($x = T$) eine „fast" optimale Strategie mit Hilfe von Algorithmus 1 zu berechnen. Diese Variante hat noch den Vorteil, daß sich die Abweichungen von $K^*(F)$ abschätzen und darüber hinaus (durch Wahl hinreichend großer T) beliebig kleine machen lassen. Daher ist für praktische Zwecke der Algorithmus 1 völlig ausreichend.

Beispiel 5.3: Es sei $F(t) = 1 - \mathrm{e}^{-\lambda t}$, $\lambda > 0$. Nach Lemma 5.1 ist in diesem Fall wegen $F(t) \equiv F_x(t)$ die optimale Strategie streng periodich. Daher können wir uns auf die Betrachtung streng periodischer Strategien beschränken. Aus (5.4) folgt nach einer einfachen Rechnung

$$K(S^{(\delta)}, F) = \frac{1}{1 - \mathrm{e}^{-\lambda\delta}} \left[c + \mathrm{e}^{-\lambda\delta} \int\limits_0^{\delta} v(t)\, \mathrm{e}^{+\lambda t}\, \mathrm{d}t \right].$$

Das optimale Inspektionsintervall befriedigt die Gleichung

$$v(\delta) = \int_0^\delta \mathrm{e}^{+\lambda t}\,\mathrm{d}v(t) - c.$$

Diese Gleichung hat unter unseren Voraussetzungen stets eine eindeutige Lösung δ^*. Speziell ergibt sich

$$K^*(F) = v(\delta^*) + c.$$

Insbesondere haben wir für $v(t) = at$ den mittleren Verlust

$$K(S^{(\delta)}, F) = \frac{c + a\delta}{1 - \mathrm{e}^{-\lambda\delta}} - \frac{a}{\lambda}.$$

Das optimale Inspektionsintervall befriedigt die Gleichung

$$\mathrm{e}^{+\lambda\delta} - \lambda\delta = 1 + \frac{\lambda c}{a}.$$

Für hinreichend große mittlere Lebenszeiten $\mu = 1/\lambda$ haben wir in guter Näherung die Lösung

$$\delta^* = \sqrt{\frac{2c\mu}{a}}. \tag{5.14}$$

Abschließend sei erwähnt, daß konstante, nichtzuvernachlässigende Inspektionszeiten im Rahmen dieses Modells keinerlei zusätzliche Schwierigkeiten bei der mathematischen Analyse bereiten, wenn vorausgesetzt wird, daß sich das Element während der Inspektionen im Zustand der kalten Reserve befindet. Die gemäß den Algorithmen 1 bzw. 2 ermittelten δ_k geben dann gerade die Zeit vom Abschluß der k-ten Inspektion bis zum Beginn der $(k + 1)$-ten an.

5.2.2. *Unbekannte Lebenszeitverteilung*

Die Anwendung des Optimalitätskriteriums $K(S, F)$ scheitert in der Praxis häufig daran, da über F keine oder nur unvollständige Information vorhanden ist. Diese Situation soll im folgenden betrachtet werden. Es sei also über die Funktion F lediglich bekannt, daß sie einer Untermenge $\mathfrak{F}_u$ der Menge $\mathfrak{F}$ aller Verteilungsfunktionen G mit der Eigenschaft $G(+0) = 0$ angehört, $\mathfrak{F}_u \neq \{F\}$. Dann erscheint es zweckmäßig, eine optimale Strategie bzgl. des Kriteriums

$$K(S) = \sup_{G \in \mathfrak{F}_u} K(S, G)$$

zu verfolgen. Das Problem besteht jetzt darin, bei gegebenem $\mathfrak{F}_u$ die Existenz einer Strategie $S^* = S^*(\mathfrak{F}_u)$ nachzuweisen, die der Bedingung

$$K(S^*) = \min_{S \in \mathfrak{S}} K(S)$$

genügt, sowie Methoden zur Berechnung von S^* zu entwickeln.[1] Im Falle $\mathfrak{F}_u = \mathfrak{F}$, d. h., wenn F vollständig unbekannt ist, nennen wir S^* *„Minimaxstrategie"*, und im Falle $\mathfrak{F}_u \subset \mathfrak{F}$ heißt S^* *„partielle Minimaxstrategie"*. Die zugehörigen Verlustkosten $K(S^*)$ sind die (*partiellen*) *Minimaxverlustkosten*.

a) *Minimaxstrategie*

Wir bestimmen zunächst die Minimaxstrategie. Dabei setzen wir, um ein nichttriviales Problem zu haben,

---

[1] Die gleiche Problemstellung ist natürlich auch für die im Abschnitt 4 beschriebenen Modelle sinnvoll. So wurde z. B. das Modell der altersabhängigen Erneuerung unter diesem Gesichtspunkt in den Arbeiten [1], [6] und [45] betrachtet.

$T < \infty$ voraus. Mit $S_n = \{t_k\} \in \mathfrak{S}$ folgt aus (5.3)

$$K(S_n, F) \leqq \sum_{k=0}^{n} g(t_k, t_{k+1}) \, [F(t_{k+1}) - F(t_k)] + (n+1)\, c\bar{F}\,(T)$$

$$(5.15)$$

$$\leqq \max_{k=0,1,\ldots,n} g(t_k, t_{k+1}).$$

Diese Abschätzung ist scharf, so daß gilt

$$K(S) = \max_{k=0,1,\ldots,n} g(t_k, t_{k+1}).$$

Satz 5.3: *Es existiert genau eine Minimaxstrategie. Sie stimmt mit der optimalen Strategie $S_{n*}^{*} = \{t_k{}^{*}\}$ bzgl. $K(S, F)$ für den Fall überein, daß F die Verteilungsfunktion einer im Intervall $(0, T)$ gleichverteilten Lebenszeit X des Elements ist.*

Beweis: Das Gleichungssystem (5.8) ist offenbar dem folgenden äquivalent:

$$g(0, t_1) = g(t_1, t_k) = \cdots = g(t_n, T). \qquad (5.16)$$

Daher kann eine Strategie S_r mit $r > n^{*} + 1$ Inspektionen nie Minimaxstrategie sein. Denn auf Grund der Definition von n^{*} gemäß (5.9) besteht die Ungleichung $v(t_1{}^{*}) < (n^{*} + 1)\, c$, und es gilt deshalb

$$K(S_{n*}^{*}) - K(S_r) \leqq v(t_1{}^{*}) + c - (r+1)\, c$$

$$\leqq v(t_1{}^{*}) - (n^{*} + 1)\, c < 0.$$

Wir zeigen nun, wenn $S_n{}' = \{t_k{}'\}$, $0 \leqq n \leqq n^{*}$, Lösung von (5.16) ist, gilt für eine beliebige Strategie $S_n = \{t_k\}$ stets

$$K(S_n{}') \leqq K(S_n).$$

Um uns davon zu überzeugen, schreiben wir zunächst zwei offensichtliche Eigenschaften der $g(t_k, t_{k+1})$ auf:

(α) $g(t_k, t_{k+1})$ ist bei festem t_k streng monoton wachsend in t_{k+1}, $k = 0, 1, \ldots, n - 1$.

(β) $g(t_k, t_{k+1})$ ist bei festem t_{k+1} streng monoton fallend in t_k, $k = 1, 2, \ldots, n$.

Wir nehmen an, es gäbe eine Strategie $\bar{S}_n = \{\bar{t}_k\}$, verschieden von S_n', die

(γ) $K(\bar{S}_n) < K(S_n')$

erfüllt. Es sei dann $\bar{t}_i$ das kleinste der $\bar{t}_k$ mit $\bar{t}_i \neq t_i'$. Es muß aber $\bar{t}_i < t_i'$ gelten, weil sonst wegen (α) $g(\bar{t}_{i-1}, \bar{t}_i) > K(S_n')$ wäre. Das stünde aber im Widerspruch zu (γ). Ebenso schließt man, daß $\bar{t}_{i+1} < t_{i+1}'$ gilt, da im Falle $\bar{t}_{i+1} > t_{i+1}'$ wegen (α) und (β) die Annahme (γ) wiederum nicht erfüllt wäre. So fortfahrend erhalten wir schließlich $\bar{t}_n < t_n'$ und wegen (β) hieraus $g(\bar{t}_n, T) > K(S_n')$. Das widerspricht aber der Annahme (γ). Somit existiert keine Strategie S_n, die kleinere Minimaxverlustkosten als S_n' liefert.

Schließlich beweist man ganz analog die Gültigkeit des folgenden Sachverhaltes: Wenn $S_{n_1}' = \{t_k'\}$ und $S_{n_2}'' = \{t_k''\}, 0 \leq n_1 < n_2 \leq n^*$, Lösungen von (5.16) sind, dann ist stets $K(S_{n_2}'') < K(S_{n_1}')$ erfüllt. Damit ist aber der Satz vollständig bewiesen.

Insbesondere ist also die Minimaxstrategie für lineare $v(t)$, $v(t) = at$, durch (5.10) gegeben, wobei $n = n^*$ die größte ganze Zahl ist, die der Bedingung (5.11) genügt. Die zugehörigen Minimaxverlustkosten betragen

$$K(S_{n^*}^*) = \frac{T}{n^* + 1}\, a + \frac{n^* + 2}{2}\, c.$$

Beispiel 5.4: Es seien $v(t) = \sqrt{t}\ (t \geq 0)$, $c = 1$ und $T = 100$. Wegen $\sum_{k=0}^{6} k^2 = 91$ und $\sum_{k=0}^{7} k^2 = 140$ ist in diesem Fall $n^* = 6$. Das System (5.15) hat die Gestalt

$$\sqrt{t_{k+1} - t_k} = \sqrt{t_1} - k, \quad k = 0, 1, \ldots, 6.$$

Die Inspektionszeiten errechnen sich daraus zu

$t_1 = 38{,}5$; $t_2 = 65{,}5$; $t_3 = 83{,}1$; $t_5 = 93{,}3$; $t_r = 98{,}2$ und

$t_6 = 99{,}6\ (t_7 = 100)$. Die Minimaxverlustkosten betragen 7,25 Kosteneinheiten.

b) *Bekannter Erwartungswert der Lebenszeit*

In der Praxis ist bei sonst unbekannter Verteilung der Lebenszeit häufig der Erwartungswert dieser Verteilung gegeben. Diese Tatsache liegt insbesondere darin begründet, daß Erwartungswerte i. a. mathematisch-statistisch leicht erfaßbar sind. Daher kommt der Bestimmung einer partiellen Minimaxstrategie bzgl. der Menge $\mathfrak{F}_u = \mathfrak{F}_\mu$ mit

$$\mathfrak{F}_\mu = \left\{ F;\ F \in \mathfrak{F},\ \mu = \int\limits_0^\infty t\,dF(t) = \text{const},\quad 0 < \mu < \infty \right\}$$

eine besondere Bedeutung zu. Dieses Problem werden wir im folgenden für den Fall $T = \infty$ lösen. Dabei setzen wir voraus, daß $v(t)$ in $(0, \infty)$ einmal stetig differenzierbar ist. Unter diesen Voraussetzungen werden wir zeigen, daß jede partielle Minimaxstrategie streng periodisch mit einem Inspektionsintervall δ ist, das der Gleichung

$$\delta^2\, v'(\delta) = \mu c \tag{5.17}$$

genügt. Wegen $\lim\limits_{t \to \infty} v(t) = \infty$ hat diese Gleichung mindestens eine Lösung. Insbesondere haben wir für lineare $v(t) = at\ (t \geqq 0)$ die eindeutige Lösung (vgl. (5.14))

$$\delta^* = +\sqrt{\frac{\mu c}{a}}. \tag{5.18}$$

Zunächst beschäftigen wir uns mit der Bestimmung des zugehörigen Optimalitätskriteriums

$$K(S) = \sup_{F \in \mathfrak{F}_\mu} K(S, F),$$

wobei $K(S, F)$ durch (5.4) gegeben ist. Es sei $\mathfrak{F}_\mu^{(2)}$ die Menge aller $F \in \mathfrak{F}_\mu$ mit genau zwei Wachstumspunkten plus der durch $\mathsf{P}(X = \mu) = 1$ charakterisierten Verteilungsfunktion F_1. Im Falle $F \in \mathfrak{F}_\mu^{(2)}$, $F \neq F_1$, existieren also reelle Zahlen u_0 znd u_1 mit den Eigenschaften $0 < u_0 < \mu < u_1 < \infty$,

$$\mathsf{P}(X = u_0)\, ' = \frac{u_1 - \mu}{u_1 - u_0} \quad \text{und} \quad \mathsf{P}(X = u_1) - \frac{\mu - u_0}{u_1 - u_0}.$$

Für festes $S = \{t_k\} \in \mathfrak{S}$ sci

$$t_r \leqq u_0 \leqq t_{r+1} \quad \text{und} \quad t_s < u_1 \leqq t_{s+1}.$$

Dann gilt

$$K(S, F) = \frac{u_1 - \mu}{u_1 - u_0}\, g(u_0, t_{r+1}) + \frac{\mu - u_0}{u_1 - u_0}\, g(u_1, t_{s+1}).$$

$$(5.19)$$

Im Rahmen eines allgemeineren Modells bewies HOEFFDING in [56] die Gültigkeit von

$$\sup_{F \in \widetilde{\mathfrak{F}}\mu} K(S, F) = \sup_{F \in \mathfrak{F}\mu^{(2)}} K(S, F). \tag{5.20}$$

Daher existiert für beliebiges $\varepsilon > 0$ stets ein $F_\varepsilon \in \mathfrak{F}_\mu^{(2)}$ so daß $K(S) - K(S, F_\varepsilon) < \varepsilon$ ausfällt. Mit den zu F_ε gehörigen Werten u_0 und u_1 kann für genügend kleine ε o. B. d. A. die Gültigkeit der Ungleichung

$$g(u_0, t_{r+1}) \leqq g(u_1, t_{s+1}) \tag{5.21}$$

vorausgesetzt werden. Denn sonst bewirkt bei festgehaltenem u_0 eine Vergrößerung von s (und damit von u_1) stets eine Zunahme des durch (5.19) gegebenen Ausdrucks $K(S, F)$. Durch Bildung der partiellen Ableitungen von $K(S, F)$ nach u_0 bzw. u_1 erkennen wir schließlich, daß unter der Bedingung (5.21) durch Wahl von $u_0 = t_r$

und $u_1 = t_s$, eventuell in Verbindung mit einer Vergrößerung von s, $K(S, F)$ wiederum nicht kleiner wird. Mit diesen Überlegungen folgt aus (5.19) und (5.20) endgültig, wenn für $i \neq j$

$$G_{ij}(S) := \frac{t_j - \mu}{t_j - t_i}\, g(t_i, t_{i+1}) + \frac{\mu - t_i}{t_j - t_i}\, g(t_j, t_{j+1}) \qquad (5.22)$$

gesetzt wird

$$K(S) = \sup_{(i,j)\in\Gamma_1\times\Gamma_2} G_{ij}(S) \qquad (5.23)$$

mit $\Gamma_1 = \{0, 1, ..., m\}$ und $\Gamma_2 = \{m + 1, m + 2, ...\}$, $\Gamma_i = \Gamma_i(S)$, $i = 1, 2$. Dabei definieren wir hier und im folgenden $m = m(S)$ durch $t_m \leqq \mu < t_{m+1}$.

Man überzeugt sich leicht davon, daß für eine streng periodische Strategie $S^{(\delta)}$ stets $G_{ij}(S^{(\delta)}) = c + v(\delta)$ $+ c\,\dfrac{\mu}{\delta}$ für alle Paare $(i, j) \in \Gamma_1\times\Gamma_k$ gilt, und somit insbesondere

$$K(S^{(\delta)}) = c + v(\delta) + \frac{\mu}{\delta}\, c \qquad (5.24)$$

ist. Dementsprechend bezeichnen wir als „günstigste" streng periodische Strategie eine streng periodische Strategie $S^{(\delta^*)}$ mit der Eigenschaft

$$K(S^{(\delta^*)}) = \min_{\delta\in(0,\infty)} K(S^{(\delta)}).$$

Daher ist δ^* stets Lösung der Gleichung (5.17). Entscheidend ist nun der folgende

Satz 5.4: *Jede günstigste streng periodische Strategie ist zugleich partielle Minimaxstrategie.*

Beweis: Angenommen, es existiert eine Strategie $S = \{t_k\} \in \mathfrak{S}$ mit der Eigenschaft

$$K(S) < K(S^{(\delta^*)}). \qquad (5.25)$$

Wir schreiben $G_{ij}(S)$ in der Form

$$G_{ij}(S) = (i+1)\,c + v(\delta_i) + (\mu - t_i)\,ca_{ij}$$

mit $\quad a_{ij} := \dfrac{(j-i)\,c + v(\delta_j) - v(\delta_i)}{(t_j - t_i)\,c}$. Es seien ferner

$$a_i = \sup_{j \in \Gamma_2(S)} a_{ij} \quad \text{und} \quad a = \min_{i \in \Gamma_1(S)} a_i.$$

Da wegen (5.21) o. B. d. A. $(j-i)\,c + v(\delta_j) - v(\delta_i) > 0$ für alle $(i,j) \in \Gamma_1(S) \times \Gamma_2(S)$ vorausgesetzt werden kann, ist $a > 0$. Durch Wahl von $\delta = 1/a$ folgt wegen (5.24) und (5.25) aus der Definition von a

$$(i+1)\ c + v(\delta_i) + (\mu - t_i)\,ca < c + v\left(\frac{1}{a}\right)$$
$$+ \mu ca, \ i \in \Gamma_1(S).$$

Aus diesen Ungleichungen folgt induktiv

$$\delta_i < \frac{1}{a}, \quad i \in \Gamma_1(S). \tag{5.26}$$

Wir definieren i_0 durch $a_{i_0} = a$. Dann gilt sicher

$$\frac{(j - i_0)\,c + v(\delta_j) - v(\delta_{i_0})}{(t_j - t_{i_0})\,c} \lesseqgtr a, \quad j \in \Gamma_2(S). \tag{5.27}$$

Ausgehend von $j = m + 1$, $m = m(S)$, erhalten wir hieraus unter Berücksichtigung von (5.26) induktiv $\delta_j < \delta_{i_0}$, $j \in \Gamma_2(S)$. Dann muß aber $a = \sup\limits_{j \in \Gamma_2(S)} a_{i_0 j} \geqq 1/\delta_{i_0}$ sein im Widerspruch zu (5.26). Daher kann keine Strategie S mit der Eigenschaft (5.25) existieren, und der Satz ist bewiesen.

Gleichzeitig folgt aus dem Beweis des Satzes, daß jede bzgl. $\mathfrak{F}_\mu$ partielle Minimaxstrategie streng periodisch ist.

In [16] wurde auch die partielle Minimaxstrategie bzgl.

der Menge aller $F \in \mathfrak{F}$ mit fixiertem Quantil berechnet. Ihre Struktur ist jedoch recht kompliziert, so daß sie hier nicht angegeben werden soll.

5.3.   *Inspektion mit Erneuerung*

5.3.1.   *Optimierungsprinzip*

Im vorangegangenen Abschnitt haben wir mit der Entdeckung des Versagers die Betrachtung abgeschlossen. Im Unterschied dazu erneuern wir jetzt das Element nach Entdeckung eines Versagers vollständig und nehmen es nach Abschluß der Erneuerung sofort wieder in Betrieb. Diesen Inspektionserneuerungsvorgang setzen wir unbeschränkt fort. Demgemäß setzen wir im folgenden stets $T = \infty$ voraus. Jede Erneuerung verursache die konstanten Kosten b und erfordere die konstante Zeit d (b und d können als Erwartungswerte der entsprechenden Zufallsgrößen gedeutet werden). Zwecks Anwendung der Formel (3.33) definieren wir eine Periode als die Zeit zwischen dem Betriebsbeginn des (erneuerten) Elements bis zum Abschluß der nächstfolgenden Erneuerung. Die mittleren Verlustkosten $V(S, F)$ je Zeiteinheit betragen dann

$$V(S, F) = \frac{H(S, F)}{L(S, F)}, \tag{5.28}$$

wobei wir mit $H(S, F)$ bzw. $L(S, F)$ die mittleren Verlustkosten je Periode bzw. die mittlere Länge einer Periode bezeichnen:

$$H(S, F) = \sum_{k=0}^{\infty} \int_{t_k}^{t_{k+1}} \left[(k + 1)\, c + v(t_{k+1} + d - t) \right] \mathrm{d}F(t) + b, \tag{5.29}$$

$$L(S, F) = \mu + \sum_{k=0}^{\infty} \int_{t_k}^{t_{k+1}} (t_{k+1} - t)\, \mathrm{d}F(t) + d, \tag{5.30}$$

$\mu = \mathsf{E}(X)$. Im folgenden werden wir stets $v(t) = at$, $t \geq 0$, voraussetzen. Diese Voraussetzung ermöglicht die Anwendung der für den Fall ohne Erneuerung erzielten Resultate auf das Problem der Bestimmung von optimalen Inspektionsstrategien für die jetzt betrachtete Situation. Als Optimalitätskriterium dient mit den Bezeichnungen und der Interpretation des vorangegangenen Abschnitts das Supremum der $V(S, G)$ über alle $G \in \mathfrak{F}_u$:

$$V(S) = \sup_{G \in \mathfrak{F}_u} V(S, G).$$

Durch spezielle Wahl von $\mathfrak{F}_u$ gelangen wir wieder zu den Fällen vollständige, keine und partielle Information über die Lebenszeitverteilung.

Der folgende Satz ist für die weiteren Ausführungen grundlegend. Zu seiner Formulierung setzen wir für $0 \leq x \leq a$, $G \in \mathfrak{F}$ und $S \in \mathfrak{S}$

$$D(S, G, x) := H(S, G) - xL(S, G) \quad \text{und}$$

$$D(S, x) := \sup_{G \in \mathfrak{F}_u} D(S, F, x).$$

Satz 5.5: *Für alle* x, $0 \leq x \leq a$, *existiere genau eine Strategie* $S(x)$ *mit der Eigenschaft*

$$D\big(S(x)x\big), = \min_{S \in \mathfrak{S}} D(S, x).$$

Falls für ein $x^* \in (0, a)$ $D\big(S(x^*), x^*\big) = 0$ *ausfällt, dann existiert genau eine Strategie* S^* *mit der Eigenschaft*

$$V(S^*) = \min_{S \in \mathfrak{S}} V(S), \tag{5.31}$$

und es gilt $S^* = S(x^*)$ *sowie* $x^* = V(S^*)$.

Bemerkung: Wenn für ein $x \geq a$ $\inf_{S \in \mathfrak{S}} D(S, x) \geq 0$ gelten würde, dann wäre $\inf_{S \in \mathfrak{S}} V(S) \geq x \geq a$. Aber dann wäre das kostengünstigste Verhalten ohnehin „weder Inspektion noch Erneuerung".

7*

Beweis: Die Gleichung $D\big(S(x^*),\, x^*\big) = 0$ liefert

$$x^* = \sup_{G \in \mathfrak{F}_u} \frac{H\big(S(x^*),\, G\big)}{L\big(S(x^*),\, G\big)} = V\big(S(x^*)\big). \qquad (\text{i})$$

Nach Definition von $S(x)$ gilt für alle $S \in \mathfrak{S}$

$$0 = D\big(S(x^*),\, x^*\big) \leqq D(S,\, x^*).$$

Aber $0 \leqq D(S,\, x^*)$ impliziert

$$x^* = \sup_{G \in \mathfrak{F}_u} \frac{H(S,\, G)}{L(S,\, G)} = V(S).$$

Hieraus und aus (i) folgt $x^* = V\big(S(x^*)\big) \leqq V(S)$ für alle $S \in \mathfrak{S}$ und damit die Optimalität von $S(x^*)$ bzgl. $V(S)$.

Um den Beweis des Satzes zu vollenden, nehmen wir an, es existiert eine Strategie $\bar{S}$, $\bar{S} \neq S(x^*)$, die der Bedingung

$$V(\bar{S}) = \inf_{S \in \mathfrak{S}} V(S) \qquad (\text{ii})$$

genügt. Dann definieren wir $\bar{x}$ durch $D(\bar{S},\, \bar{x}) = 0$. Wegen $\bar{S} \neq S(x^*)$ gilt nach Definition von $S(x)$

$$D\big(S(\bar{x}),\, \bar{x}\big) < D(\bar{S},\, \bar{x}) = 0.$$

Hieraus folgt $V\big(S(\bar{x})\big) < \bar{x} = V(\bar{S})$, im Widerspruch zu (ii). Damit ist der Satz bewiesen.

Im folgenden setzen wir stets

$$\frac{b + c}{\mu} < a \qquad (5.32)$$

voraus. Sonst wären die mittleren Verlustkosten je Zeiteinheit bei „idealer Inspektion und Erneuerung" ($=$ Versager werden sofort entdeckt und in vernachlässigbar kleiner Zeit erneuert) größer oder gleich den „Stillstandskosten" a je Zeiteinheit des Elements. Aber in diesem Fall sind Inspektion und Erneuerung von vornherein unökonomisch, und solche Fälle schließen wir aus.

5.3.2. *Bekannte Lebenszeitverteilung*

Das Optimalitätskriterium, die durchschnittlichen Kosten je Zeiteinheit, sind in diesem Fall durch (5.28) gegeben. Zur Bestimmung der optimalen Strategie ist Satz 5.5 mit $\mathfrak{F}_u = \{F\}$ anwendbar. Wir haben jetzt $D(S, x) = D(S, F, x)$, und nach elementarer Rechnung erhalten wir aus (5.29) und (5.30)

$$D(S, F, x) = \sum_{k=0}^{\infty} \int_{t_k}^{t_{k+1}} [(k + 1)\, c + (a - x)\, (t_{k+1} - t)]\, \mathrm{d}F(t)$$

$$+ b + (a - x)\, d - x\mu. \qquad (5.33)$$

Offenbar hat $D(S, F, x)$ für $0 \le x < a$ die gleiche Struktur wie $K(S, F)$ (s. (5.4)). Daher ist Existenz der Strategie $S(x)$ durch die Ausführungen des vorangegangenen Abschnitts gesichert, und ihre approximative Berechnung kann durch Algorithmus 2 bzw. — mit den früher gemachten Bemerkungen — durch Algorithmus 1 erfolgen, wenn anstelle von (5.7′) das Gleichungssystem

$$t_{k+1} - t_k = \frac{F(t_k) - F(t_{k-1})}{f(t_k)} - \frac{c}{a - x}, \quad k = 1, 2, \ldots,$$

tritt.

Offenbar gilt $D\big(S(0), 0\big) > 0$ und wegen (5.32) auch $D\big(S(a), a\big) = b + c + a\mu < 0$. Da sich die Stetigkeit von $D\big(S(x), x\big)$ in x nachweisen läßt (s. BRENDER [23]), und $D\big(S(x), x\big)$ streng monoton fallend ist, $0 \le x \le a$, existiert somit genau ein x^* mit der Eigenschaft $D\big(S(x^*), x^*\big) = 0$. Nach Satz 5.5 haben wir somit folgenden Algorithmus zur Berechnung der optimalen Strategie $S^* = S(x^*)$:

Algorithmus 3:

1. Berechne für gegebenes x, $0 < x < a$, die Strategie $S(x)$.

2.1. Gilt $D\big(S(x), x\big) > 0$, vergrößere x und wiederhole 1.

2.2. Gilt $D\bigl(S(x),\,x\bigr)\,0$, verkleinere x und wiederhole 1.

2.3. Im Falle $D\bigl(S(x),\,x\bigr)=0$ ist $S(x)$ optimal.

Beispiel 5.5: Es seien $F(t)=1-\mathrm{e}^{-\lambda t}$, $t\geqq0$, und $d=0$. Die optimale Strategie ist hier streng periodisch. Bei Anwendung der streng periodischen Strategie $S^{(\delta)}$ haben wir die mittleren Kosten je Zeiteinheit

$$V(S^{(\delta)},\,F)=a\left[1-\frac{1}{\lambda\delta}\,(1-\mathrm{e}^{-\lambda\delta})\right]+b\,\frac{1-\mathrm{e}^{-\lambda\delta}}{\delta}+\frac{c}{\delta}.$$

Das optimale Inspektionsintervall befriedigt die Gleichung

$$1-\mathrm{e}^{-\lambda\delta}\,(1+\lambda\delta)=\frac{\lambda c}{a-\lambda b}.$$

Eine Lösung existiert, wenn (5.32) erfüllt ist $(\mu=1/\lambda)$. Die Lösung ist i. a. nicht eindeutig.

5.3.3.　Unbekannte Lebenszeitverteilung

a) *Minimaxstrategie*

Eine Abschätzung von $V(S,\,F)$, die analog zu (5.15) geführt wird, liefert

$$V(S)=\sup_{k=0,1,\dots}\frac{(k+1)\,c+a(t_{k+1}+d-t_k)+b}{t_{k+1}+d}.$$

Hieraus wird sofort ersichtlich, daß die Minimaxstrategie darin besteht, nicht zu inspizieren (und nicht zu erneuern)[1]. Dieses Ergebnis folgt auch unmittelbar aus der Bemerkung, die im Anschluß an Satz 5.5 gemacht wurde. Denn wir haben für $S=\{t_k\}\in\mathfrak{S}$

$$D(S,\,a)=\sup_{k=0,1,\dots}\,[c(k+1)-at_k]+b$$

und daher $D\bigl(S(a),\,a\bigr)=c+b>0$.

<hr>

[1] Nichttriviale Minimaxstrategien treten etwa im Falle konvexer $v(t)$ auf (vgl. dazu [18]).

b) Bekannter Erwartungswert der Lebenszeit

Wir interessieren uns also wieder für die partielle Minimaxstrategie bzgl. $\mathfrak{F}_u = \mathfrak{F}_\mu$. Wegen der Analogie zwischen $K(S, F)$ und $D(S, F, x)$ haben wir auf Grund der Ergebnisse des vorangegangenen Abschnitts mit den dort eingeführten Bezeichnungen

$$D(S, x) = \sup_{G \in \mathfrak{F}_\mu} D(S, G, x)$$

$$= \sup_{(i,j)\Gamma_1 \times \Gamma_2} G_{ij}(S) + b + (a - x)\, d - x\mu,$$

und die bzgl. $D(S, x)$ optimale Strategie $S(x)$, $0 \leq x < a$, ist streng periodisch, wobei das zugehörige Inspektionsintervall gemäß (5.18) durch

$$\delta(x) = \sqrt{\frac{c\mu}{a - x}} \tag{5.34}$$

gegeben ist. Unter Berücksichtigung von

$$G_{ij}(S(x)) = 2\sqrt{\mu c(a - x)} + c; \quad (i, j) \in \Gamma_1(S(x)) \times \Gamma_2(S(x)),$$

erhalten wir

$$D(S(x), x) = 2\sqrt{\mu c(a - x)} + b + c + (a - x)\, d - x\mu.$$

Sicher ist $D(S(0), 0) > 0$ und wegen (5.32) auch $D(S(a), a) < 0$. Daher existiert eine eindeutige Lösung der Gleichung $D(S(x), x) = 0$. Nach einfacher Rechnung erhalten wir

$$x^* = \frac{1}{\mu + d}\left[ad + b + c - \frac{2\mu c}{\mu + d}\right.$$

$$\left. + 2\sqrt{\frac{\mu c}{\mu + d}\left(a\mu - b - c + \frac{\mu c}{\mu + d}\right)}\right]. \tag{5.35}$$

Gemäß Satz 5.5 ist also die partielle Minimaxstrategie S^* streng peridisch mit dem Inspektionsintervall $\delta(x^*)$, wobei $\delta(x)$ und die partiellen Minimaxverlustkosten $x^* = V(S^*)$ durch (5.34) bzw. (5.35) gegeben sind.

c) Bekanntes Quantil der Lebenszeitverteilung

Es sei bei sonst unbekanntem $F(t)$ das durch $\pi = F(z)$ definierte Quantil (π, z) der Lebenszeitverteilung gegeben; $0 < \pi < 1$, $0 < z$. Dann interessiert die partielle Minimaxstrategie bzgl. der Menge $\mathfrak{F}_u = \mathfrak{F}_{\pi,z}$ mit

$$\mathfrak{F}_{\pi,z} = \{G_i \ G \in \mathfrak{F}, \ G(z) = \pi\}.$$

Zur Angabe von $D(S, x)$ setzen wir

$$g_i(x; t_r, t_s) = (i + 1)\, c + (t_s - t_r)\, a, \ i = 0, 1, \ldots,$$

$$0 \leqq r \leqq s.$$

Für alle $S = \{t_k\} \in \mathfrak{S}$ sei

$$R(x, S) := \max_{i=0,1,\ldots,m} \left\{ g_i(x; t_i, t_{i+1}) + \frac{1 - \pi}{\pi}\, mc \right\}$$

und

$$H(x, S) := \max \left\{ g_0(x; z, t_{m+1}), \sup_{j=1,2,\ldots} g_j(x; t_{m+j}, t_{m+j+1}) \right\},$$

wobei $m = m(S)$ durch $t_m < z \leqq t_{m+1}$ definiert ist. Eine Abschätzung, die analog zu (5.15) geführt wird, liefert

$$D(S, x) = \pi R(x, S) + (1 - \pi)\, H(x, S) + b + (a - x)\, d.$$

Gemäß Satz 5.5 ist für die Existenz einer (nichttrivialen) partiellen Minimaxstrategie die Bedingung $D\big(S(a), a\big) < 0$ notwendig. Man überzeugt sich leicht davon, daß diese Bedingung der folgenden äquivalent ist:

$$\frac{c + b}{(1 - \pi)\, z} < a. \tag{5.36}$$

Wie in [19] nachgewiesen wurde, ist die Bedingung (5.36) auch hinreichend. Um den in der gleichen Arbeit entwickelten Algorithnus zur Berechnung der partiellen Minimaxstrategie angeben zu können, benötigen wir noch einige Bezeichnungen.

Es sei $m^* = m^*(\tau)$, $\tau > 0$, die kleinste nichtnegative ganze Zahl n, die mit $y := x/a$ der Bedingung

$$\frac{\left[1 - (1-y)^{n+2} - y\left(n + 2 - \frac{y}{c}\tau\right)\right](1-y)^{n+1}}{[1 - (1-y)^{n+1}][1 - (1-y)^{n+2}]} < \frac{1-\pi}{\pi}$$

genügt. Damit definieren wir eine Strategie $S_{(\tau)} = t_k(\tau)$ auf die folgende Weise:

$$t_k(\tau) := \begin{cases} \dfrac{c}{y}k + \left[\tau - (m^* + 1)\dfrac{c}{y}\right](1-y)^{m^*-k+1} \times \\[2mm] \times \dfrac{1 - (1-y)^k}{1 - (1-y)^{m^*+1}}, & k = 1, 2, \ldots, m^* + 1, \\[4mm] \tau + (k - m^* - 1)\dfrac{c}{y}, & k = m^* + 2, m^* + 3, \ldots. \end{cases}$$

Man rechnet leicht nach, daß für $t_{m^*(\tau)} \leqq z$

$$D(S_{(\tau)}, x) = [(m^* + 1)c - x\tau]\left[1 - \frac{\pi}{1 - (1-y)^{m^*+1}}\right]$$

$$+ \frac{ac}{x} + (a - x)d + b$$

gilt. Entscheidend ist nun der in [19] bewiesene

Satz 5.6: *Es ist entweder* $S(x) = S_{(z)}$ *oder* $S(x) = S_{(\tau_0)}$, $\tau_0 := z + \dfrac{c}{y}$. *Im Falle* $t_{m^*(\tau_0)} \geqq z$ *gilt stets* $S(x) = S_{(z)}$. Die Entscheidung darüber, ob im Falle $t_{m^*(\tau_0)} < z$ die Strategie $S(x)$ durch $S(z)$ oder $S_{(\tau_0)}$ gegeben ist, wird durch Vergleich von $D(S_{(z)}, x)$ und $D(S_{(\tau_0)}, x)$ gefällt. In Verbindung mit Satz 5.5 resultiert daher der folgende Algorithmus zur Berechnung der partiellen Minimaxstrategie $S^* = S(x^*)$:

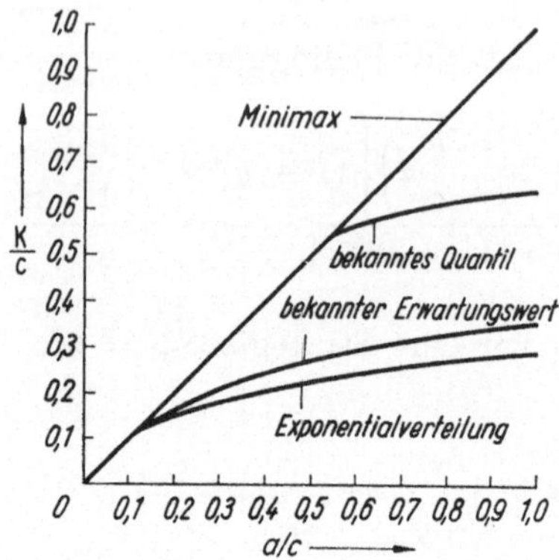

Abb. 11. Kostenvergleich im Falle $\mu = 50$, $z = 115$, $\pi = 0{,}9$ und $b = 5\,c$

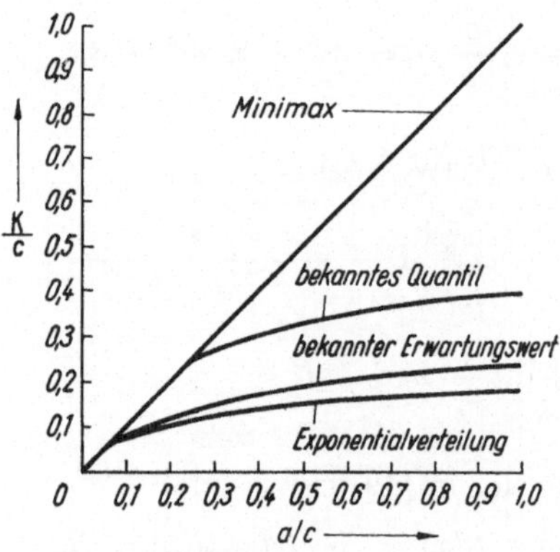

Abb. 12. Kostenvergleich im Falle $\mu = 100$, $z = 230$, $\pi = 0{,}9$ und $b = 5\,c$

Algorithmus 4:

1.   Wähle x, $0 < x < a$, und berechne $D\big(S(x), x\big)$ auf der Grundlage von Satz 5.6.

2.1. Gilt $D\big(S(x), x\big) > 0$, vergrößere $x(x < a)$ und wiederhole 1.

2.2. Gilt $D\big(S(x),\, x\big) < 0$, verkleinere $x(0 < x)$ und wiederhole 1.

2.3. Gilt $D\big(S(x),\, x\big) = 0$, dann ist bereits $x = x^*$ und $S(x) = S^*$.

Zum Abschluß dieses Abschnittes vergleichen wir für zwei Spezialfälle die Minimaxverlustkosten mit den partiellen Minimaxverlustkosten bei bekanntem Erwartungswert bzw. Quantil der Lebenszeitverteilung. Diese Kosten (geteilt durch c) werden in den Abbildungen 11 und 12 in Abhängigkeit vom Quotienten a/c dargestellt. Dabei sind die auftretenden Quantile $(\pi,\, z)$ und Erwartungswerte μ durch die Relation $\pi = 1 - \mathrm{e}^{-z/\mu}$ verbunden. Dadurch wird ein Vergleich mit den ebenfalls dargestellten (durch c geteilten) Verlustkosten, die bei bekannter, exponentiell mit dem Parameter $\lambda = 1/\mu$ verteilter Lebenszeit (s. Beispiel 5.5) auftreten, möglich. Wir vergleichen also die Fälle keine, partielle und vollständige Information über die Lebenszeitverteilung,

Aus den Abbildungen erkennen wir, daß in den betrachteten Spezialfällen die Kenntnis des Erwartungswertes der Lebenszeit in bezug auf die Verlustkosten profitabler ist als die Kenntnis des entsprechenden Quantils. Überdies wird deutlich, daß in den durch die Ungleichungen (5.32) bzw. (5.36) definierten Intervallen die entsprechenden partiellen Minimaxstrategien mit der Minimaxstrategie („weder Inspektion noch Erneuerung") übereinstimmen.

5.3.4. *Inspektion und Erneuerung unter Berücksichtigung von Verlustzeiten und Planvorgaben*

Zur Erfüllung eines bestimmten Produktionsvorhabens ist es erforderlich, daß ein Element mit der zufälligen Lebenszeit X mindestens n Zeiteinheiten ohne Havarie arbeitet. X wird als exponentiell mit dem Parameter λ verteilt vorausgesetzt. Der Zustand des Elements —

arbeitend oder ausgefallen — kann wiederum nur durch Inspektionen ermittelt werden. Bei Entdeckung eines Versagers wird das Element wie im vorangegangenen Abschnitt vollständig erneuert (damit kommt auf Grund der charakteristischen Eigenschaft der Exponentialverteilung jede Inspektion einer vollständigen Erneuerung des Elements gleich). Der Hauptunterschied zu der bisher betrachteten Situation besteht im folgenden: Wird bei einer Inspektion ein Versager des Elements festgestellt, dann zieht das die Annullierung der gesamten bisherigen Arbeitszeit des Elements oder eines Teiles derselben nach sich. Das bedeutet etwa im ersteren Fall, daß nach der Erneuerung eines ausgefallenen Elements wieder die gleiche Aufgabe wie zu Beginn des Prozesses besteht: Eine Arbeitszeit von u Zeiteinheiten des Elements ist zu realisieren. Wenn zu Beginn einer Inspektion das Element noch arbeitet, dann wird natürlich die bisherige Arbeitszeit des Elements an der Erfüllung der Planvorgabe von u Zeiteinheiten voll angerechnet.

Eine Inspektion nehme die Zeit d in Anspruch, wenn kein Versager des Elements eingetreten ist, während Inspektion und Erneuerung nach Entdeckung eines Versagers die Zeit h erfordern. Die Möglichkeit eines Versagers des Elements während der Inspektionen (auf die damit verbundenen Erneuerungen wird im folgenden nicht mehr hingewiesen) wird ausgeschlossen.

Wir teilen nun die Zeitspanne u in n aufeinanderfolgende Abschnitte der Länge u/n. Das Element wird nach folgender Vorschrift inspiziert: Jeweils u/n Zeiteinheiten nach Inbetriebnahme bzw. nach Abschluß der letzten Inspektion wird mit der nächsten begonnen. Bei Nichtberücksichtigung der Inspektionszeiten liegt somit eine streng periodische Strategie mit dem Inspektionsintervall u/n vor. Die Zeit vom Arbeitsbeginn des (erneuerten) Elements (der sofort nach Abschluß einer Inspektion erfolgt) bis zum Ende der nächsten Inspektion bezeichnen wir als Periode.

Im folgenden werden zwei Varianten untersucht:

a) Bei Entdeckung eines Versagers wird die gesamte bisherige Arbeitszeit des Elements gestrichen.

b) Bei Entdeckung eines Versagers in der k-ten Periode, $k = 1, 2, \ldots$, wird nur die Arbeitszeit des Elements in dieser Periode gestrichen. Es sind also zur Erfüllung der Planvorgabe nur noch $n - k + 1$ Perioden erforderlich, die das Element ohne zu versagen arbeiten muß.

Es sei Y_n die zufällige Zeit, die bis zur Erfüllung der Planvorgabe unter der Bedingung verstreicht, daß das Element gemäß obiger Vorschrift streng periodisch mit dem Inspektionsintervall u/n inspiziert wird. Das Problem besteht darin, durch geeignete Wahl von n den Mittelwert von Y_n zu minimieren. Das heißt, es wird ein solches $n = n^*$ gesucht, das

$$\mathsf{E}(Y_{n^*}) = \min_{n} \mathsf{E}(Y_n) \qquad (5.37)$$

erfüllt.

Die beschriebene Situation tritt etwa bei elektronischen Rechenautomaten oder vollautomatischen Anlagen auf. Sie wurde erstmals in [42] untersucht, s. auch [17].

Variante a):

Wir lösen das Optimierungsprogramm (5.37) zunächst unter der Bedingung, daß die Variante a) realisiert wird.

Der Mittelwert $\mathsf{E}(Y_n)$ der Zufallsgröße Y_n hat mit der Abkürzung $x := \lambda u/n$ die Gestalt (s. [42])

$$\mathsf{E}(Y_n) = \frac{e^{\lambda u} - 1}{1 - e^{-x}} \left[\frac{x}{\lambda} + de^{-x} + h(1 - e^{-x}) \right].$$

Wir fassen jetzt $x \geqq 0$ als stetige Veränderliche auf und schreiben anstelle von $\mathsf{E}(Y_n)$ nun $M(x)$. Die Funktion $M(x)$ möge bei $x = x_0$ ihr absolutes Minimum annehmen. Dann ist x_0 Lösung der Gleichung $dM(x)/dx = 0$ bzw.

$$1 + \lambda d + x = e^x.$$

Diese Gleichung hat stets eine eindeutige Lösung $x_0 > 0$. Um — ausgehend von x_0 — auf das optimale $n = n^*$ bzgl.

$E(Y_n)$ zu schließen, bilden wir rückwärts $n_0 = \dfrac{\lambda u}{x_0}$.
Falls n_0 ganzzahlig ist, gilt schon $n^* = n_0$. Nun sei n_0 nicht ganzzahlig. Dann bezeichnen wir wie üblich mit $[n_0]$ die größte ganze Zahl, die kleiner als n_0 ist. Wegen der Konvexität von $M(x)$ $\big(M(x)$ ist konvex, weil $M''(x) > 0$ für $x > 0$ ausfällt$\big)$ gilt in diesem Fall entweder $n^* = [n_0]$ oder $n^* = [n_0] + 1$.

Die folgende Tabelle bzw. Abb. 13 erlauben es, für spezielle d-Werte sofort die zugehörigen x_0 abzulesen:

d	0,02	0,04	0,06	0,10	0,15	0,20	0,30	0,40
x_0	0,20	0,27	0,33	0,42	0,51	0,58	0,69	0.78
d	0,50	0,64	1,00	1,54				
x_0	0,86	0,95	1,15	1,30				

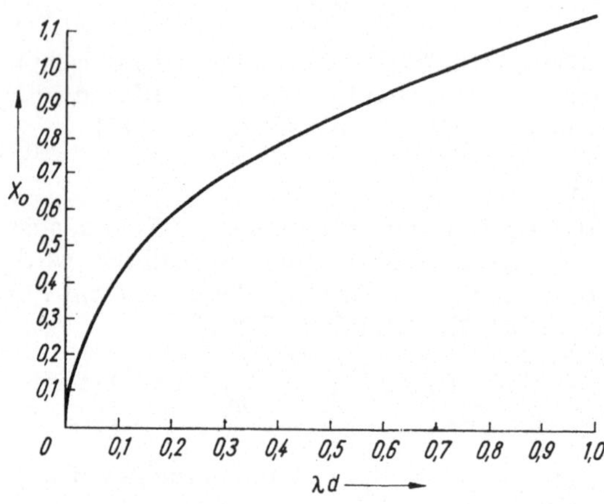

Abb. 13. Optimale Inspektion und Erneuerung bei Variante a)

Beispiel 5.5: Es seien $u = 100$, $\lambda = 0{,}01$ und $d = 4$ (h beliebig). Dann ist $\lambda d = 0{,}04$. Aus der Tabelle lesen wir $x_0 = 0{,}27$ ab. Es folgt $n_0 = \dfrac{0{,}01 \cdot 100}{0{,}27} = 3{,}7$. Wegen $E(Y_3) = 347{,}07 + 1{,}72\,h$ und $E(Y_4) = 345{,}71 + 1{,}72\,h$ gilt $n^* = 4$.

Variante b):

Wir lösen jetzt das Optimierungsproblem (5.37) unter der Bedingung, daß Variante b) realisiert wird.

Zur Bestimmung des zugehörigen $E(Y_n)$ stellen wir die folgenden Überlegungen an: Die Wahrscheinlichkeit dafür, daß das Element in der k-ten Periode erstmals nicht ausfällt, beträgt $q^{k-1}p$, $k \geqq 1$. Dabei sind $q = 1 - e^{-\lambda\frac{u}{n}}$ bzw. $p = 1 - q$ die Wahrscheinlichkeiten dafür, daß das Element in einer Periode versagt bzw. nicht versagt.

Daher sind im Mittel $\sum\limits_{k=1}^{\infty} kq^{k-1}p = \dfrac{1}{p} = e^{\lambda\frac{u}{n}}$ Perioden nötig, um eine erfolgreiche Periode zu haben (in der also das Element nicht versagt). Zur Erfüllung der Planvorgabe werden aber n erfolgreiche Perioden gebraucht. Daher sind im Mittel insgesamt $ne^{\lambda\frac{u}{n}}$ Perioden notwendig, um die Planvorgabe zu erfüllen. Hiervon sind n Perioden mit einer Inspektionsdauer von d Zeiteinheiten verbunden und $\left(ne^{\lambda\frac{u}{n}} - n\right)$ Perioden mit einer Inspektionsdauer von h Zeiteinheiten. Daher gilt

$$E(Y_n) = n\left(\frac{u}{n} + d\right) + \left(ne^{\frac{\lambda u}{n}} - n\right)\left(\frac{u}{n} + h\right)$$

bzw.

$$E(Y_n) = (u + hn)\,e^{\frac{\lambda u}{n}} - (h - d)\,n.$$

Wie bei Variante a) überlegen wir uns, daß das optimale $n = n^*$ entweder den Wert $[n_0]$ oder den Wert $[n_0] + 1$ mit $n_0 = \dfrac{\lambda u}{x_0}$ hat, wobei x_0 die eindeutige Lösung der folgenden Gleichung ($x \geqq 0$) ist:

$$x^2 + \lambda hx = (d - h)\,\lambda e^{-x} + h.$$

Speziell ergibt sich im Fall $d = h$

$$x_0 = \frac{\lambda d}{2}\left[+ \sqrt{1 + \frac{4}{\lambda^2 d}} - 1\right]. \qquad (5.38)$$

In Abb. 14 ist x_0 in Abhängigkeit von λd für diesen Spezialfall dargestellt.

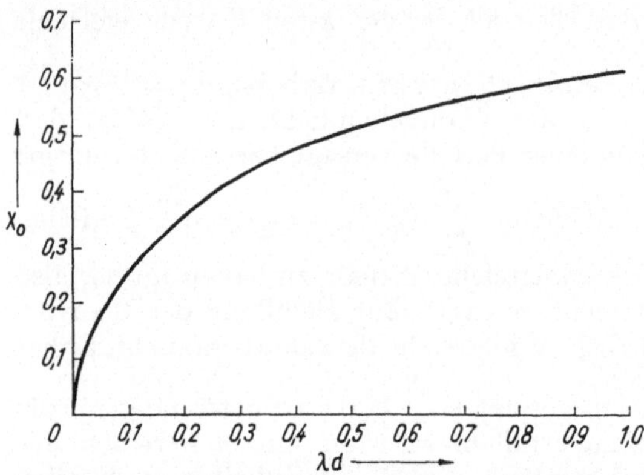

Abb. 14. Optimale Inspektion und Erneuerung bei Variante b)]

Beispiel 5.6: Es seien $u = 100$, $\lambda = 0,01$ und $d = h = 4$. Aus (5.38) bzw. aus Abb. 14 erhalten wir $x_0 = 0,181$. Daher ist $n_0 = 5,52$. Wegen $\mathsf{E}(Y_5) = 146,6$ und $\mathsf{E}(Y_6) = 146,5$ folgt $n^* = 6$.

6.   Erneuerung komplizierter Systeme

Bisher haben wir die Planung von prophylaktischen Maßnahmen nur auf ein Element zugeschnitten. Die erzielten Ergebnisse sind natürlich auch auf kompliziertere Systeme anwendbar, wenn diese im Rahmen der PVI (= planmäßig vorbeugenden Instandhaltung) als eine Einheit angesehen werden. Ebenso ist es aus ökonomischen oder technologischen Erwägungen heraus oft zweckmäßig, größere Systeme in geeignete Teilsysteme aufzuspalten, diese als eine Einheit aufzufassen und unabhängig voneinander zu bedienen (Abschnitt 6.1.1). Auch in diesem Fall können die bisher analysierten Modelle und Strategien angewandt werden. Im allgemeinen ist es jedoch günstiger, spezifische, auf die Struktur des Systems zugeschnittene Instandhaltungsstrategien zu verfolgen. Das ist insbesondere dann der Fall, wenn zwischen den Erneuerungskosten bzw. -zeiten gewisse Kopplungen bestehen. Die damit verbundene Problematik wird im Abschnitt 6.1.2 untersucht. Im gesamten Abschnitt 6.1 interessieren wir uns im Rahmen der untersuchten Modelle nur für die jeweilige Verfügbarkeit des Systems bei unbeschränkter Betriebszeit. Es werden also stets nichtzuvernachlässigende Erneuerungszeiten vorausgesetzt. Die Ableitung und Optimierung der entsprechenden durchschnittlichen Kosten je Zeiteinheit kann i. a. ganz analog erfolgen. Der Einfluß von prophylaktischen Erneuerungen auf die mittlere Lebenszeit des Systems beim Vorhandensein von Reserveelementen wird im Abschnitt 6.2 untersucht (die Teilsysteme eines Systems, die als selbständige Einheit betrachtet werden, bezeichnen wir wieder mit „Elemente").

Wir setzen voraus, daß die im folgenden untersuchten Systeme aus den $n \geq 1$ voneinander unabhängig arbeitenden, alternden Elementen $e_1, e_2, \ldots, e_n$ bestehen. Die zufällige Lebenszeit X_i des Elements e_i habe die Verteilungsfunktion $F_i(t)$ mit der Verteilungsdichte $f_i(t)$ und der Ausfallrate $q_i(x)$, $i = 1, 2, \ldots, n$.

6.1.   Systeme ohne Reserveelemente

6.1.1.   Ungekoppelte Erneuerungen

In diesem Abschnitt betrachten wir den Fall, daß jedes Element unabhängig von den anderen nach einer Strategie σ_i erneuert wird, $i = 1, 2, \ldots, n$. Während der

Erneuerung eines Elements unterbrechen die anderen Elemente ihre Arbeit. Diese wird unmittelbar nach Abschluß der Erneuerung wieder aufgenommen (Seriensystem). Die statistischen Eigenschaften derjenigen Elemente, deren Arbeit unterbrochen wird, ändern sich während der Stillstandszeit nicht, d. h., die Ausfallrate dieser Elemente hat bei Wiederaufnahme der Arbeit den gleichen Wert wie beim Abbruch (Eigenschaft (E)). Es sei $A_i(t, \sigma_i)$ der Erwartungswert der durch Erneuerungen des Elementes e_i verursachten Ausfallzeit dieses Elements bis zu dem Zeitpunkt, an dem die effektive Arbeitszeit von e_i den Wert t erreicht (der Begriff der „effektiven Arbeitszeit" ist wie im Abschnitt 4.1.1 definiert). Dann benötigt das System aber im Mittel

$$t + \sum_{i=1}^{n} A_i(t, \sigma_i)$$

Zeiteinheiten, um eine effektive Arbeitszeit von genau t Zeiteinheiten zu realisieren. Daher ist die Verfügbarkeit des Systems durch

$$V(\sigma_1, \sigma_2, \ldots, \sigma_n) = \lim_{n \to \infty} \frac{t}{t + \sum_{i=1}^{n} A_i(t, \sigma_i)}$$

gegeben oder, wenn $a_i(\sigma_i) =: \lim_{t \to \infty} A_i(t, \sigma_i)/t$ gesetzt wird, durch

$$V(\sigma_1, \sigma_2, \ldots, \sigma_n) = \frac{1}{1 + \sum_{i=1}^{n} a_i(\sigma_i)}. \tag{6.1}$$

Die individuelle Verfügbarkeit $V_i(\sigma_i)$ des Elements e_i, die also ohne den Einfluß der anderen Elemente auftreten würde, ist offenbar durch

$$V_i(\sigma_i) = \lim_{t \to \infty} \frac{t}{t + A_i(t, \sigma_i)}$$

gegeben. Daher haben wir

$$V_i(\sigma_i) = \frac{1}{1 + a_i(\sigma_i)}. \tag{6.2}$$

Die Strategien $\sigma_1, \sigma_2, \ldots, \sigma_n$ sind nun (im Rahmen des vorgegebenen Typus) so zu wählen, daß $V(\sigma_1, \sigma_2, \ldots, \sigma_n)$ maximal wird bzw., damit äquivalent, die Summe $\sum\limits_{i=1}^{n} a_i(\sigma_i)$ minimal wird. Bezüglich einer in diesem Sinne optimalen Erneuerungsstrategie des Systems $(\sigma_1^{(0)}, \sigma_2^{(0)}, \ldots, \sigma_n^{(0)})$ ist daher wegen (6.2) $\sigma_i^{(0)}$ so zu bestimmen, daß die individuelle Verfügbarkeit $V(\sigma_i)$ bei $\sigma_i = \sigma_i^{(0)}$ ihr Maximum annimmt, d. h., die Optimierung des Gesamtsystems erfolgt dadurch, daß die Elemente unabhängig voneinander optimal erneuert werden. Bei der zeitlichen Planung der PE für die einzelnen Elemente ist jedoch zu berücksichtigen, daß als Zeitmaßstab deren effektive Arbeitszeit zugrunde gelegt werden muß.

Beispiel 6.1: Wir erneuern das Element e_i nach einem Versager (HE) oder wenn es $\tau^{(i)}$ Zeiteinheiten ohne zu versagen gearbeitet hat (PE); $\tau^{(i)}$ bezogen auf die effektive Arbeitszeit des Elements e_i. Die zugehörigen Erneuerungszeiten seien $d_h^{(i)}$ bzw. $d_p^{(i)}$, $d_p^{(i)} < d_h^{(i)}$, $i = 1, 2, \ldots, n$. Die Ausfallrate $q_i(t)$ aller Elemente e_i sei streng monoton wachsend, und es gelte

$$\mu^{(i)} q(\infty) > d_h^{(i)}/(d_h^{(i)} - d_p^{(i)}), \; \mu^{(i)} := \int\limits_0^\infty \bar{F}_i(t) \, \mathrm{d}t,$$

$$i = 1, 2, \ldots, n.$$

Die σ_i können wir (wie auch im folgenden Beispiel) im Rahmen unserer Erneuerungsstrategie mit den $\tau^{(i)}$ identifizieren. Die Ergebnisse des Abschnitts 4.1.1 (Formel 4.4) liefern dann unter den dort gemachten Voraussetzungen in Verbindung mit (6.2)

$$a_i(\tau^{(i)}) = \frac{d_h^{(i)} \, F_i(\tau^{(i)}) + d_p^{(i)} \, \bar{F}_i(\tau^{(i)})}{\int\limits_0^{\tau^{(i)}} \bar{F}_i(t) \, \mathrm{d}t}, \tag{6.3}$$

8*

und die optimalen $\tau^{(i)} = \tau_0^{(i)}$ sind gemäß (4.5) Lösungen der Gleichungen

$$q_i(\tau^{(i)}) \int\limits_0^{\tau^{(i)}} \bar{F}_i(t)\, dt - F_i(\tau^{(i)}) = \frac{d_p^{(i)}}{d_h^{(i)} - d_p^{(i)}}, \qquad (6.4)$$

$$i = 1, 2, \ldots, n.$$

Wegen Lemma 4.1 existieren unter unseren Voraussetzungen eindeutige Lösungen $\tau_0^{(i)}$. Die Kopplung der Gleichungen (6.3) und (6.4) liefert in Verbindung mit (6.1) die maximale Verfügbarkeit des Systems:

$$V(\tau_0^{(1)}, \tau_0^{(2)}, \ldots, \tau_0^{(n)}) = \frac{1}{1 + \sum\limits_{i=1}^{n} (d_h^{(i)} - d_p^{(i)})\, q_i(\tau_0^{(i)})}.$$

Beispiel 6.2: Wir erneuern die Elemente e_i gemäß Strategie I aus Abschnitt 4.2, d. h., nach $\tau^{(i)}$ Zeiteinheiten effektiver Arbeitszeit von e_i wird es vollständig erneuert, während es in der Zwischenzeit bei einem Versager nur durch eine unvollständige Erneuerung wieder betriebsfähig gemacht wird. Die entsprechenden Erneuerungszeiten seien $d_h^{(i)}$ bzw. $d_v^{(i)}$, $i = 1, 2, \ldots, n$.

Aus (4.25) folgt in Verbindung mit (6.2) sofort

$$a_i(\tau^{(i)}) = \frac{d_v^{(i)} + d_u^{(i)} \int\limits_0^{\tau^{(i)}} q_i(t)\, dt}{\tau^{(i)}}, \qquad (6.5)$$

und die optimalen $\tau^{(i)} = \tau_0^{(i)}$ sind gemäß (4.26) Lösungen der Gleichungen

$$\int\limits_0^{\tau^{(i)}} [q_i(\tau^{(i)}) - q_i(x)]\, dx = \frac{d_v^{(i)}}{d_u^{(i)}}, \qquad i = 1, 2, \ldots, n. \quad (6.6)$$

Die Kopplung der Gleichungen (6.5) und (6.6) liefert in Verbindung mit (6.1), die Existenz endlicher $\tau_0^{(i)}$ vorausgesetzt, die maximale Verfügbarkeit des Systems:

$$V(\tau_0^{(1)}, \tau_0^{(2)}, \ldots, \tau_0^{(n)}) = \frac{1}{1 + \sum\limits_{i=1}^{n} d_u^{(i)} q_i(\tau_0^{(i)})}.$$

Die Strategien $\sigma_1, \sigma_2, \ldots, \sigma_n$ müssen im Rahmen unseres Modells nicht unbedingt zum gleichen Typ gehören. Wenn wir z. B. die Elemente $e_1, e_2, \ldots, e_m$, $m \leq n$, gemäß Beispiel 6.1 erneuern und die Elemente $e_{m+1}, e_{m+2}, \ldots, e_n$ gemäß Beispiel 6.2, dann beträgt die maximale Verfügbarkeit des Systems

$$V(\tau_0^{(1)}, \tau_0^{(2)}, \ldots, \tau_0^{(n)})$$

$$= \frac{1}{1 + \sum\limits_{i=1}^{m} (d_h^{(i)}) - d_p^{(i)}) q_i(\tau_0^{(i)}) + \sum\limits_{i=m+1}^{n} d_u^{(i)} q(\tau_0^{(i)})}.$$

Hierbei sind die $\tau_0^{(i)}$ für $i = 1, 2, \ldots, m$ Lösungen des Gleichungssystems (6.4) und für $i = m + 1, m + 2, \ldots, n$ Lösungen von (6.6).

6.1.2.   *Gekoppelte Erneuerungen*

6.1.2.1. *Altersabhängige Erneuerung*

Das System wird beim Ausfall eines Elements durch eine prophylaktische Havarieerneuerung (PHE) vollständig erneuert, d. h., das ausgefallene Element wird durch eine HE vollständig erneuert, während die arbeitenden Elemente prophylaktisch vollständig erneuert werden. Darüber hinaus wird das System, d. h. alle n Elemente, nach τ Zeiteinheiten ununterbrochener Arbeitszeit (gemessen seit der letzten Erneuerung des Systems durch eine PE vollständig erneuert. Die entsprechenden Erneuerungszeiten seien d_{ph} und d_p.

Die effektive Arbeitszeit des Systems in einer Periode (Zeit zwischen zwei benachbarten Erneuerungen) ist offenbar durch min (Y, τ) mit

$$Y = \min (X_1, X_2, ..., X_n)$$

gegeben. Daher haber wir formal die gleiche Situation wie im Abschnitt 4.1.1, und wir können die dort gewonnenen Ergebnisse sofort auf das vorliegende Modell übertragen. Insbesondere erhalten wir wegen (4.4) mit $G(t) := \mathsf{P}(Y < t)$ die Verfügbarkeit des Systems zu

$$\mathsf{D}(\tau) = \frac{d_p \bar{G}(\tau) + d_{ph} G(\tau)}{\int\limits_0^\tau \bar{G}(t) \, \mathrm{d}t}.$$

Ein optimales $\tau = \tau_0$ ist gemäß (4.5) Lösung der Gleichung

$$q(\tau) \int\limits_0^\tau \bar{G}(t) \, \mathrm{d}t - G(\tau) = \frac{d_p}{d_{ph} - d_p},$$

wobei wir jetzt mit $q(x)$ die zu $G(x)$ gehörige Ausfallrate bezeichnen. Wegen

$$G(t) = 1 - \bar{F}_1(t) \, \bar{F}_2(t) \, ... \, \bar{F}_n(t) \tag{6.7}$$

gilt

$$q(x) = \sum_{i=1}^n q_i(x). \tag{6.8}$$

Speziell hat im Falle identischer Elemente $(F \equiv F_i, i = 1, 2, ..., n)$ das System wegen (6.7) die Verfügbarkeit

$$V(\tau) = \frac{\int\limits_0^\tau [\bar{F}(t)]^n \, \mathrm{d}t}{\int\limits_0^\tau [\bar{F}(t)]^n \, \mathrm{d}t + d_p[\bar{F}(\tau)]^n + d_{ph}(1 - [\bar{F}(\tau)]^n)}.$$

Im Falle $n = 1$ erhalten wir mit $d_h = d_{ph}$ Formel (4.4).

6.1.2.2. *Blockerneuerung*

Wir erneuern (unter der Voraussetzung (E), s. S. 108) jedes Element unmittelbar nach seinem Versager vollständig. Die zugehörige Erneuerungszeit für das Element e_i sei $d_h^{(i)}$, $i = 1, 2, \dots, n$. Nach τ Zeiteinheiten effektiver Betriebszeit des Systems wird es durch eine PE vollständig erneuert (Erneuerungszeit d_p).

Es sei $H_i(t)$ die Erneuerungsfunktion, die zu dem durch F_i erzeugten einfachen Erneuerungsprozeß gehört, $i = 1, 2, \dots, n$. Dann ist $d_h^{(i)} H_i(\tau)$ die mittlere Zeit je Periode (= Zeit zwischen zwei benachbarten PE), die auf den Ausfall des Elements e_i zurückzuführen ist, $i = 1, 2, \dots, n$. Daher beträgt die Verfügbarkeit des Systems

$$V(\tau) = \frac{\tau}{\tau + d_p + \sum_{i=1}^{n} d_h^{(i)} H_i(\tau)}.$$

Ein optimales $\tau = \tau_0$ ist mit $h_i(t) := H_i'(t)$, $i = 1, 2, \dots, n$. Lösung der Gleichung

$$\sum_{i=1}^{n} d_h^{(i)} \left(\tau h_i(\tau) - H_i(\tau) \right) = d_p.$$

Insbesondere erhalten wir für identische Elemente $(H = H_i, d_h = d_h^{(i)}, i = 1, 2, \dots, n)$ die Verfügbarkeit

$$V(\tau) = \frac{\tau}{\tau + d_p + n d_h H(\tau)}.$$

Im Falle $n = 1$ erhalten wir mit $d_h = d_h^{(1)}$ als Spezialfall Formel (4.6)

6.1.2.3. *Unvollständige Erneuerung*

Strategie A: Unter der Voraussetzung (E) werden die Elemente nach einem Ausfall unvollständig erneuert (s. Seite 108). Nach τ Zeiteinheiten effektiver Betriebszeit wird das System (d. h. alle n Elemente) vollständig erneuert.

Die entsprechenden Erneuerungszeiten seien $d_u^{(i)}$ für die unvollständige Erneuerung (UE) des Elements e_i, $i = 1, 2, \ldots, n$, und d_v für die vollständige Erneuerung (VE) des Systems.

In einer Periode (Zeit zwischen zwei benachbarten VE) beträgt die mittlere Stillstandszeit, die auf UE des Elements e_i zurückzuführen ist, $d_u^{(i)} Q_i(\tau)$ Zeiteinheiten, wobei $Q_i(t)$ gemäß (4.18) durch

$$Q_i(t) = \int\limits_0^t q_i(x)\, dx, \quad i = 1, 2, \ldots, n,$$

gegeben ist. Daher beträgt die mittlere Länge einer Periode $\tau + \sum\limits_{i=1}^{n} d_u^{(i)} Q_i(\tau) + d_v$ Zeiteinheiten, und die Verfügbarkeit des Systems ist demnach bei Anwendung der Strategie A durch

$$V(\tau) = \frac{\tau}{\tau + \sum\limits_{i=1}^{n} d_u^{(i)} Q_i(\tau) + d_v}$$

gegeben. Ein optimales $\tau = \tau_0$ ist Lösung der Gleichung

$$\sum\limits_{i=1}^{n} d_u^{(i)} \left(\tau q_i(\tau) - Q_i(\tau) \right) = d_v. \tag{6.9}$$

Beispiel 6.3: Es sei $q_i(x) = \alpha \lambda_i x^{\alpha-1}$, $\alpha > 1$, $\lambda_i > 0$, $i = 1, 2, \ldots, n$ (WEIBULL-Verteilung). In diesem Fall nimmt (6.9) die Gestalt

$$(\alpha - 1)\, \tau^\alpha \sum\limits_{i=1}^{n} \lambda_i d_u^{(i)} = d_v.$$

an. Das optimale Erneuerungsintervall ist daher durch

$$\tau_0 = \left[\frac{d_v}{(\alpha - 1) \sum\limits_{i=1}^{n} \lambda_i d_u^{(i)}} \right]^{\frac{1}{\alpha}}$$

gegeben. Speziell erhalten wir im Falle $n = 1$ mit $d_u^{(1)} = d_u$ die Formel (4.27).

Strategie B: Diejenigen Elemente, die die ersten $k-1$ Ausfälle des Systems verursachen, werden (unter der Voraussetzung (E)) durch eine UE erneuert. Beim k-ten Ausfall wird das System vollständig erneuert, $k \geqq 1$. Dabei setzen wir der Einfachheit halber $d_u^{(i)} = d_u$, $i = 1, 2, \ldots, n$, voraus.

Mit L_m bezeichnen wir den zufälligen Zeitpunkt (bezogen auf die letzte VE und auf die effektive Betriebszeit des Systems), an dem der m-te Versager des Systems eintritt, $m = 1, 2, \ldots, k$. Da die Ausfallrate $q(x)$ des Systems zwischen zwei benachbarten VE offenbar wieder durch (6.8) gegeben ist, hat gemäß (4.19) die Zufallsgröße L_m mit $q(x) = \sum\limits_{i=1}^{n} q_i(x)$ und $Q(t) = \int\limits_{0}^{t} q(x)\, dx$ die Verteilungsdichte

$$f_m(t) = \frac{(Q(t))^{m-1}}{(m-1)!}\, e^{-Q(t)}\, q(t).$$

Damit haben wir formal die gleiche Situation wie im Abschnitt 4.2 (Strategie III), und wir können die dort erzielten Resultate unmittelbar auf die vorliegende Situation übertragen. Gemäß (4.31) und (4.32) ist daher die Verfügbarkeit des Systems durch

$$V(k) = \frac{\mathsf{E}(L_k)}{\mathsf{E}(L_k) + (k-1)\, d_u + d_r}$$

gegeben, während das in bezug auf $V(k)$ optimale $k = k_0$ gleich der kleinsten natürlichen Zahl k ist, die der Bedingung

$$\mathsf{E}(L_k) - \left(k - 1\right) + \frac{d_v}{d_u}\right)\, \mathsf{E}(L_{k+1} - L_k) \geqq 0 \quad (6.11)$$

genügt.

Beispiel 6.4: Es sei $q_i(x) = \alpha\lambda_i x^{\alpha-1}$, $\alpha > 1$, $\lambda_i > 0$, $i = 1, 2, \ldots, n$ (WEIBULL-Verteilung). Dann ist

$$q(x) = \alpha x^{\alpha-1} \sum_{i=1}^{n} \lambda_i,$$

und gemäß (4.33) nimmt in diesem Fall die Bedingung (6.11) die einfache Gestalt

$$k \geqq \frac{1}{\alpha - 1}\left(\frac{d_v}{d_u} - 1\right)$$

an. Daher haben wir analog zu (4.34)

$$k_0 = \left[\frac{1}{\alpha - 1}\left(\frac{d_v}{d_u} - 1\right)\right] + 1.$$

k_0 hängt somit nicht von den Parametern $\lambda_1, \lambda_2, \ldots, \lambda_n$ der WEIBULL-Verteilung ab.

6.1.2.4. *Opportunistische Erneuerung*

In den bisher betrachteten Modellen haben wir stets vorausgesetzt, daß der Zustand des Systems bzw. seiner Elemente (arbeitend oder ausgefallen) stets bekannt ist. Im Gegensatz dazu nehmen wir jetzt an, daß wir den Zustand eines Teiles der Elemente nicht kennen. Diese Situation tritt etwa bei technischen Anlagen auf, die nur zur Erfüllung einer einmaligen Aufgabe einsatzbereit zu halten sind (militärische Abwehrsysteme) und die sich in der Zwischenzeit in warmer Reserve befinden. Der Einfachheit halber setzen wir im folgenden $n = 2$ voraus.

Das System arbeite genau dann, wenn beide Elemente e_1 und e_2 arbeiten. Die zugehörigen VFL seien $F_1(t)$ (beliebig) und $F_2(t) = 1 - e^{-\lambda t}$, $t \geqq 0$. Der Zustand des Elements e_2 ist stets bekannt, während ein Ausfall von e_1 das System zwar arbeitsunfähig macht, jedoch wird er (und damit die Funktionstüchtigkeit des Systems) nicht erkannt. Zu einem beliebigen Zeitpunkt $t > 0$ sind nun folgende Maßnahmen möglich:

   I: Erneuere nur das Element e_1,
  II: Erneuere nur das Element e_2,
 III: Erneuere beide Elemente gleichzeitig.

Die Maßnahmen I, II und III erneuern die (betreffenden) Elemente vollständig und erfordern in dieser Reihenfolge die Zeiten d_1, d_2 und d_3. Es sei $T(t)$ die Zeit von der letzten Erneuerung des Elements e_1 vor t bis zum Zeitpunkt T, bezogen auf die effektive Betriebszeit des Elements e_2. Für ein beliebiges Paar (τ_1, τ_2) mit $0 \leqq \tau_1 \leqq \tau_2$, $0 < \tau_2$, definieren wir jetzt eine Erneuerungsstrategie $S(\tau_1, \tau_2)$ in folgender Weise (τ_1 und τ_2 beziehen sich wie T auf die effektive Betriebszeit des Elements e_2).

1. Wenn das Element e_2 zum Zeitpunkt t arbeitet und $T(t) = \tau_2$ ist, dann wird sofort mit Maßnahme I begonnen.

2. Wenn das Element e_2 zum Zeitpunkt t versagt, dann wird mit Maßnahme II begonnen, falls $T(t) < \tau_1$ ist, oder es wird mit Maßnahme III begonnen, wenn $\tau_1 \leqq T(t) < \tau_2$ gilt.

Dabei wird das System nach Abschluß einer der Maßnahmen I, II oder III sofort wieder in Betrieb genommen (obwohl es nach Abschluß der Maßnahme II nicht unbedingt funktionstüchtig sein muß). RADNER und JORGENSON [66] bewiesen, daß eine bzgl. der Verfügbarkeit des Systems optimale Erneuerungsstrategie S^* die Struktur $S(\tau_1, \tau_2)$ hat. Daher genügt es, wenn wir die Verfügbarkeit des Systems unter der Bedingung berechnen, daß eine Erneuerungsstrategie vom Typ $S(\tau_1, \tau_2)$ verfolgt wird.

Wir definieren wieder eine Periode als die Zeit zwischen zwei Erneuerungspunkten des Systems (Erneuerungspunkte sind in diesem Modell die Zeitpunkte des Abschlusses einer Maßnahme I oder III. Denn unmittelbar nach Abschluß der Maßnahme I ist wegen der konstanten Ausfallrate des Elements e_2 das System ,,so gut wie neu‘‘). Wir berechnen zunächst für fixierte Werte τ_1 und τ_2 den Erwartungswert der zufälligen Länge L einer Periode. L hat die Struktur

$$L = \tau_1 + U + V + W. \tag{6.8}$$

Hierbei sind die Zufallsgrößen U, V und W wie folgt definiert:

$U =$ Summe der Erneuerungszeiten je Periode, die auf Maßnahme II zurückzuführen sind;

$V = \min(X_2, \tau_2 - \tau_1)$, wobei mit X_2 wie vereinbart die Lebenszeit des Elements e_2 bezeichnet wird;

$W =$ Erneuerungszeit am Ende jeder Periode.

Sicher gilt

$$\mathsf{E}(U) = \lambda \tau_1 d_2,$$

da gemäß Abschnitt 3.2 die Erneuerungsfunktion eines einfachen Erneuerungsprozesses mit exponentiell gemäß $F(t) = 1 - e^{-\lambda t}$, $t \geq 0$, verteilten Lebenszeiten durch $H(t) = \lambda t$ gegeben ist. Die Zufallsgröße V ist wie folgt verteilt:

$$G(t) := \mathsf{P}(V < t) = \begin{cases} 1 - e^{-\lambda t}, & 0 \leq t \leq \tau_2 - \tau_1, \\ 1, & \tau_2 - \tau_1 < t. \end{cases}$$

Daher gilt

$$\mathsf{E}(V) = \int_0^\infty \bar{G}(t)\, dt = \frac{1}{\lambda}\left[1 - e^{-\lambda(\tau_2 - \tau_1)}\right].$$

Die Zufallsgröße W nimmt entweder den Wert d_1 oder den Wert d_3 an, je nachdem, ob die Periode durch Maßnahme I oder III beendet wird. Die zugehörigen Wahrscheinlichkeiten betragen $e^{-\lambda(\tau_2 - \tau_1)}$ bzw. $1 - e^{-\lambda(\tau_2 - \tau_1)}$. Somit ist

$$\mathsf{E}(W) = d_1\, e^{-\lambda(\tau_2 - \tau_1)} + d_2(1 - e^{-\lambda(\tau_2 - \tau_1)}).$$

Insgesamt erhalten wir wegen (6.8) die mittlere Länge einer Periode zu

$$B(\tau_1, \tau_2) = (1 + \lambda d_2)\, \tau_1 + \left(d_1 - d_3 - \frac{1}{\lambda}\right) e^{-\lambda(\tau_2 - \tau_1)}$$

$$+ d_3 + \frac{1}{\lambda}.$$

Der Erwartungswert der effektiven Arbeitszeit je Periode
beträgt

$$A(\tau_1, \tau_2) = \mathsf{E}\left[\int_0^{\tau_1+V} \bar{F}(t)\, \mathrm{d}t\right]$$

bzw.

$$A(\tau_1, \tau_2) = \lambda \int_0^{\tau_2-\tau_1} \int_0^{\tau_1+y} \bar{F}(t)\, \mathrm{d}t\, \mathrm{e}^{-\lambda y}\, \mathrm{d}y + \mathrm{e}^{-\lambda(\tau_2-\tau_1)} \int_0^{\tau_2} \bar{F}(t)\, \mathrm{d}t.$$

Daher beträgt die Verfügbarkeit des Systems

$$V(\tau_1, \tau_2) = \frac{A(\tau_1, \tau_2)}{B(\tau_1, \tau_2)}.$$

Auf numerischem Wege ist es ohne prinzipielle Schwierigkeiten möglich, das optimale Tupel $(\tau_1{}^*, \tau_2{}^*)$ im Falle seiner Existenz als Lösung des Gleichungssystems $\partial V(\tau_1, \tau_2)/\partial \tau_i = 0$, $i = 1, 2$, zu ermitteln. Folgende Spezialfälle sind noch von Interesse:

1. Wenn $d_3 \geqq d_1 + d_2$ ist, dann gilt $\tau_1{}^* = \tau_2{}^*$. In diesem Fall kann e_1 unabhängig vom Zustand des Elements e_2 erneuert werden.

2. Wenn $d_2 \geqq d_3$ ist, dann gilt $\tau_1{}^* = 0$. In diesem Fall wird e_1 immer erneuert, wenn e_2 ausfällt.

JORGENSON, MC CALL und RADNER [67] untersuchten das gleiche Modell unter der Voraussetzung, daß $m > 1$ Elemente mit exponentiell verteilter Lebenszeit vorliegen, deren Zustand stets bekannt ist. Diese Verallgemeinerung brachte bei der analytischen Auswertung des Modells keinerlei zusätzliche Schwierigkeiten mit sich. Sie berücksichtigten ferner in einer Reihe von Modifikationen des beschriebenen Grundmodells den Einfluß von Inspektionen, denen das Element e_1 zu vorgegebenen Zeitpunkten unterworfen wird, auf die Verfügbarkeit des Systems.

BARSILOWITSCH und KASCHTANOW [11] untersuchten folgende Variante einer opportunistischen Erneuerungspolitik für ein zweielementiges System: Jedes Element wird unter der Voraussetzung (E) nach seinem Ausfall vollständig erneuert. Wenn zum Zeitpunkt des Ausfalls eines Elements das andere bereits das Alter $\tau > 0$ erreicht hat, dann wird es gleichzeitig mit dem ausgefallenen Element vollständig erneuert (die letztgenannten Maßnahmen sind also in unserer Terminologie prophylaktische Havarieerneuerungen des Systems). Die analytische Auswertung des Modells führt jedoch zu wenig praktikablen Lösungen und ist überdies sehr aufwendig, so daß sie hier nicht vorgenommen werden sollen.

6.2. *Erneuerung von Systemen mit Reserve*

6.2.1. *Mittlere Lebenszeit eines doublierten Systems*

Die analytische Behandlung der prophylaktischen Erneuerung von Systemen mit Reserve erweist sich selbst für einfache Erneuerungsstrategien als recht kompliziert und führt häufig zu Ergebnissen, die praktisch kaum verwertbar sind (s. z. B. [94]). Wir beschränken uns daher zunächst auf die Untersuchung des wichtigen Spezialfalls doublierter Systeme. Genauer betrachten wir in diesem Abschnitt die folgende Situation:

Ein System, bestehend aus zwei identischen Elementen, wird zum Zeitpunkt $t = 0$ in Betrieb genommen. Zum Zeitpunkt der Inbetriebnahme befindet sich ein Element in kalter Reserve.[1] Nach dem Ausfall des arbeitenden Elements (= Arbeits- bzw. Grundelement) übernimmt das Reserveelement seine Funktion, und es wird mit der vollständigen Erneuerung (HE) des ausgefallenen Elements begonnen. Nach Abschluß der Erneuerung wird

---

[1] Nach Definition der kalten Reserve sind die sich im Reservezustand befindlichen Elemente keinerlei Beanspruchungen ausgesetzt, ihre statistischen Eigenschaften ändern sich demnach nicht. Insbesondere können also Elemente im Zustand der kalten Reserve nicht versagen.

das Element in den Reservezustand (kalte Reserve) versetzt. Falls jedoch das Arbeitselement vor dem Abschluß der Erneuerung ausfällt, dann ist ein Ausfall des Systems die unmittelbare Folge. Alle Umschaltzeiten vom Reserve- in den Arbeitszustand, vom Arbeits- in den Erneuerungszustand und vom Erneuerungs- in den Reservezustand werden als vernachlässigbar klein vorausgesetzt. Damit haben wir zunächst das bekannte Modell des doublierten Systems eingeführt, das erstmals von GNEDENKO [49, 50] analysiert wurde. Das Ziel dieses Abschnittes besteht jedoch darin, die dort gewonnenen Ergebnisse durch Aufnahme von prophylaktischen Erneuerungen in das beschriebene Modell zu verallgemeinern. PE des Arbeitselements werden nach folgender Vorschrift vorgenommen: Falls das Arbeitselement im Intervall $[0, \tau]$ nicht ausfällt, wird es zum Zeitpunkt τ prophylaktisch vollständig erneuert. In Verallgemeinerung der im Abschnitt 4.1.1 analysierten altersabhängigen Erneuerung setzen wir dabei τ als zufällige Größe voraus (die Spezialisierung der erzielten Ergebnisse auf den Fall $\tau = \text{const}$ bereitet keine Schwierigkeiten). Während der PE eines Elements übernimmt das andere Element seine Funktion; es wird also in den Arbeitszustand versetzt, die Zeit τ bis zu seiner PE „ausgewürfelt", und es bleibt im Arbeitszustand bis zur PE bzw. bis zu seinem Ausfall.

Falls zum geplanten Zeitpunkt der PE eines Elements das andere Element nicht arbeitsfähig ist, d. h. selbst erneuert wird, dann hätte die Durchführung der PE einen Systemausfall zur Folge. Daher unterscheiden wir im folgenden zwei Fälle:

1. Konsequente prophylaktische Erneuerung

Eine PE wird zum geplanten Zeitpunkt unabhängig vom Zustand des anderen Elements durchgeführt.

2. Flexible prophylaktische Erneuerung

Eine PE wird zum geplanten Zeitpunkt nicht vorgenommen, wenn zu diesem Zeitpunkt das andere Element arbeitsunfähig ist.

Alle hinzugekommenen Umschaltzeiten werden wiederum als vernachlässigbar klein vorausgesetzt.

Reserveelemente werden gewöhnlich dann installiert, wenn eine hohe Zuverlässigkeit, insbesondere also eine hinreichend große mittlere Lebenszeit des Systems gefordert werden muß. Infolgedessen verwenden wir in diesem Abschnitt als Kriterium für die Effektivität prophylaktischer Erneuerungen den Erwartungswert der Lebenszeit des Systems. Die folgenden Überlegungen dienen dazu, einen allgemeinen Ausdruck für diese Kenngröße abzuleiten, der dann für die konsequente bzw. flexible prophylaktische Erneuerung entsprechend spezialisiert wird. Dabei stützen wir uns zum Teil auf die Arbeiten [103] und [111] von S. OSAKI und T. ASAKURA bzw. A. ROŽDESTVENSKIJ und G. FANARŽI. Im Unterschied zu den früher betrachteten Modellen setzen wir zunächst neben der Lebenszeit der Elemente auch alle Erneuerungszeiten sowie τ als voneinander vollständig unabhängige Zufallsgrößen voraus. Genauer bezeichnen wir die Verteilungsfunktionen der Lebenszeit X eines Elements, der Dauer Y einer HE und der Dauer Z einer PE in dieser Reihenfolge mit $F(t)$, $G(t)$ und $B(t)$. Es gelte $F(+0) = G(+0) = B(+0) = 0$, und die Erwartungswerte von X, Y und Z seien endlich. Ferner sei $A(t) = P(\tau < t)$ die Verteilungsfunktion der Zeit bis zum geplanten Zeitpunkt einer PE, $A(+0) = 0$. Weiter wird vorausgesetzt, daß nicht mindestens zwei der Zufallsgrößen X, Y, Z oder τ mit positiver Wahrscheinlichkeit gleichzeitig abbrechen können. Um PE sinnvoll zu machen, setzen wir stets voraus, daß $F(t)$ zum Typ IHR gehört und daß die Wahrscheinlichkeit für das Eintreten eines Versagers vor Abschluß einer PE kleiner ist als die Wahrscheinlichkeit für das Eintreten eines Versagers vor Abschluß einer HE, d. h., daß gilt

$$\int_0^\infty \overline{B}(t)\, dF(t) < \int_0^\infty \overline{G}(t)\, dF(t). \tag{6.9}$$

Wir bezeichnen mit $Z_0(t)$ die VFL des Systems. Ferner sei $z_0(s)$ die LAPLACE-Transformierte[1]) der Zuverlässigkeitsfunktion $\bar{Z}_0(t) = 1 - Z_0(t)$ des Systems. Wenn wir mit $M := \int\limits_0^\infty \bar{Z}_0(t)\,dt$ den Erwartungswert der Lebenszeit des Systems bezeichnen, dann folgt aus der Definition der LAPLACE-Transformierten sofort der für unsere weiteren Untersuchungen grundlegende Zusammenhang

$$M = z_0(0). \qquad (6.10)$$

Zur Berechnung von M genügt es daher, die Funktion $z_0(s)$ in Abhängigkeit von den Verteilungsfunktionen $A(t)$, $B(t)$, $F(t)$ und $G(t)$ darzustellen. Dazu führen wir einige Zustände ein, die das System während seines Betriebsprozesses durchläuft bzw. durchlaufen kann.

Zustand 0: Ein Element beginnt zu arbeiten, das andere befindet sich in kalter Reserve.

Zustand 1: Ein Element beginnt zu arbeiten; mit einer HE des anderen wird begonnen.

Zustand 2: Ein Element beginnt zu arbeiten; mit einer PE des anderen wird begonnen.

Zustand 3: Beide Elemente arbeiten nicht.

Wir bezeichnen mit $Q_{ij}(t)$, $i = 0, 1, 2$; $j = 0, 1, 2, 3$, die Wahrscheinlichkeiten dafür, daß das System im Zeitintervall $(0, t)$, ausgehend vom Zustand i zur Zeit $t = 0$, in den Zustand j gelangt, ohne vorher einen anderen Zustand zu durchlaufen. Ferner sei $Z_i(t)$ die VFL des Systems unter der Bedingung, daß zur Zeit $t = 0$ der Zustand i, $i = 1, 2$,

---

[1]) Die LAPLACE-Transformierte $z(s)$ einer für $t = 0$ erklärten $Z(t)$ ist durch $z(s) := \int\limits_0^\infty e^{-st} Z(t)\,dt$ definiert. Da die von uns betrachteten Funktionen die Bedingung $Z(t) \leq 1$ erfüllen, genügt es, um die Existenz des Integrals zu sichern, $\mathrm{Re}\,s > 0$ vorauszusetzen.

Entsprechend ist die LAPLACE-STIELTJES-Transformierte einer Funktion $Z(t)$ durch $\int\limits_0^\infty e^{-st}\,d\,Z(t)$ definiert (s. [15, 21]).

vorliegt (diese Verteilungsfunktionen haben mehr formale Bedeutung, da sich das System zum Zeitpunkt $t = 0$ vereinbarungsgemäß im Zustand 0 befindet; die Bezeichnung $Z_0(t)$ für die VFL des Systems ordnet sich somit in die obige Schreibweise ein). Auf Grund des Satzes über die totale Wahrscheinlichkeit befriedigen die $\bar{Z}_i(t)$, $i = 0,\ 1,\ 2,\ 3$, mit $W_0(t) := 1 - Q_{01}(t) - Q_{02}(t)$ und $W_i(t) = 1 - Q_{i1}(t) - Q_{i2}(t) - Q_{i3}(t)$, $i = 1,\ 2$, das Gleichungssystem

$$\bar{Z}_0(t) = \int\limits_0^t \bar{Z}_1(t - x)\,\mathrm{d}Q_{01}(x) + \int\limits_0^t \bar{Z}_2(t - x)\,\mathrm{d}Q_{02}(x) + W_0(t)$$

$$\bar{Z}_1(t) = \int\limits_0^t \bar{Z}_1(t - x)\,\mathrm{d}Q_{11}(x) + \int\limits_0^t \bar{Z}_2(t - x)\,\mathrm{d}Q_{12}(x) + W_1(t)$$

$$(6.11)$$

$$\bar{Z}_2(t) = \int\limits_0^t \bar{Z}_1(t - x)\,\mathrm{d}Q_{21}(x) + \int\limits_0^t \bar{Z}_2(t - x)\,\mathrm{d}Q_{22}(x) + W_2(t).$$

Wir bezeichnen mit $z_i(s)$ und $w_i(s)$ die LAPLACE-Transformierten der Funktionen $\bar{Z}_i(t)$ und $W_i(t)$, $i = 0, 1, 2$, und mit $q_{ij}(s)$ die LAPLACE-STIELTJES-Transformierten der Funktionen $Q_{ij}(t)$, $i = 0, 1, 2$; $j = 1, 2, 3$. Dann liefert die Anwendung der LAPLACE-Transformation auf das System (6.11) (bekanntlich ist die LAPLACE-Transformierte der Faltung zweier Funktionen gleich dem Produkt der LAPLACE-Transformierten dieser Funktionen, s. z. B. [15, 20]) ein lineares Gleichungssystem für die $z_i(s)$:

$$z_0(s) = q_{01}(s)\,z_1(s) + q_{02}(s)\,z_2(s) + w_0(s)$$

$$z_1(s) = q_{11}(s)\,z_1(s) + q_{12}(s)\,z_2(s) + w_1(s)$$

$$z_2(s) = q_{21}(s)\,z_1(s) + q_{22}(s)\,z_2(s) + w_2(s).$$

Die Auflösung nach $z_0(s)$ liefert

$$z_0(s) = \frac{w_1(s)\, N_1(s) + w_2(s)\, N_2(s)}{N_3(s)} + w_0(s) \qquad (6.12)$$

mit

$$N_1(s) := q_{01}(s)\left(1 - q_{22}(s)\right) + q_{02}(s)\, q_{21}(s),$$

$$N_2(s) := q_{01}(s)\, q_{12}(s) + q_{02}(s)\left(1 - q_{11}(s)\right)$$

und

$$N_3(s) := \left(1 - q_{11}(s)\right)\left(1 - q_{22}(s)\right) - q_{12}(s)\, q_{21}(s).$$

Daher ist wegen (6.10) der Erwartungswert der Lebenszeit des Systems durch

$$M = \frac{w_1(0)\, N_1(0) + w_2(0)\, N_2(0)}{N_3(0)} + w_0(0) \qquad (6.13)$$

gegeben.

Wir spezialisieren nun die Funktionen $Q_{ij}(t)$ und $W_i(t)$ bzw. $q_{ij}(s)$ und $w_i(s)$ für die konsequente und die flexible prophylaktische Erneuerung.

Konsequente prophylaktische Erneuerung

0. Beim Vorliegen des Zustandes 0 zur Zeit $t = 0$ sind folgende Fälle möglich:

(i) Das Arbeitselement versagt vor dem geplanten Zeitpunkt der PE.

In diesem Fall geht das System in den Zustand 1 über, und die Wahrscheinlichkeit dafür, daß dieser Übergang im Intervall $(0, t)$ erfolgt, beträgt

$$Q_{01}(z) = \int\limits_0^t \bar{A}(x)\, \mathrm{d}F(x).$$

(ii) Die PE wird zum geplanten Zeitpunkt durchgeführt (das Arbeitselement versagt vorher nicht).

In diesem Fall geht das System in den Zustand 2 über, und wir haben

$$Q_{02}(t) = \int\limits_0^t \bar{F}(x)\, \mathrm{d}A(x).$$

9*

1. Beim Vorliegen des Zustandes 1 zur Zeit $t = 0$ (diese Annahme hat nur formale Bedeutung, denn sie widerspricht unserer generellen Voraussetzung, daß zum Zeitpunkt $t = 0$ stets der Zustand 0 vorliegt) sind folgende Fälle möglich:

(i) Der geplante Zeitpunkt der PE fällt nach dem Versager des Arbeitselements, während die HE des Reserveelements vor dem Versager abgeschlossen wird.

In diesem Fall geht das System in den Zustand 1 über, und die Wahrscheinlichkeit dafür, daß dieser Übergang im Intervall $(0, t)$ erfolgt, beträgt

$$Q_{11}(t) = \int\limits_0^t \bar{A}(x)\, G(x)\, \mathrm{d}F(x).$$

(ii) Die PE des Arbeitselements wird zum geplanten Zeitpunkt durchgeführt. Die HE wurde bereits vorher abgeschlossen.

In diesem Fall geht das Element in den Zustand 2 über, und wir haben

$$Q_{12}(t) = \int\limits_0^t G(x)\, \bar{F}(x)\, \mathrm{d}A(x).$$

(iii) Das System fällt aus.

Unter der Bedingung, daß in $(0, t)$ keine PE stattfindet, ist ein Systemausfall in $(0, t)$ nur dadurch möglich, daß in diesem Intervall das Arbeitselement vor Abschluß der HE ausfällt. Die zugehörige Wahrscheinlichkeit beträgt $\int\limits_0^t \bar{G}(x)\, \mathrm{d}F(x)$. Unter der Bedingung, daß zum Zeitpunkt $x, 0 < x \le t$, eine PE des Arbeitselements vorgesehen ist, ist ein Systemausfall auf zwei verschiedene Weisen möglich:

— Die HE wird vor dem Zeitpunkt x beendet, aber das Arbeitselement versagt bereits vor Abschluß der HE (Wahrscheinlichkeit $\int\limits_0^t F(x)\, \mathrm{d}G(x)$.

— Die HE wird nach dem Zeitpunkt x beendet $\big($Wahrscheinlichkeit $\overline{G}(x)\big)$.

Damit erhalten wir insgesamt

$$Q_{13}(t)$$

$$= \overline{A}(t) \int\limits_0^t \overline{G}(x)\, \mathrm{d}F(x) + \int\limits_0^t \left[\overline{G}(x) + \int\limits_0^x F(y)\, \mathrm{d}G(y) \right] \mathrm{d}A(x).$$

2. Beim Vorliegen des Zustandes 2 haben wir formal die gleiche Situation wie im Punkt 1., wenn wir die zum Zeitpunkt $t = 0$ beginnende PE des Arbeitselements als HE deuten. Damit erhalten wir die Übergangswahrscheinlichkeiten $Q_{2j}(t)$ unmittelbar aus den $Q_{1j}(t)$, wenn wir in den $Q_{1j}(t)$ die Verteilungsfunktionen $G(t)$ durch $B(t)$ ersetzen:

$$Q_{21}(t) = \int\limits_0^t \overline{A}(x)\, B(x)\, \mathrm{d}F(x), \quad Q_{22}(t) = \int\limits_0^t \overline{F}(x)\, B(x)\, \mathrm{d}A(x)$$

$$Q_{23}(t)$$

$$= \overline{A}(t) \int\limits_0^t \overline{B}(x)\, \mathrm{d}F(x) + \int\limits_0^t \left[\overline{B}(x) + \int\limits_0^t F(y)\, \mathrm{d}B(y) \right] \mathrm{d}A(x).$$

Die $W_i(t)$, $i = 0, 1, 2$, sind gleich den Wahrscheinlichkeiten dafür, daß im Intervall $(0, t)$ keine Zustandsänderung erfolgt, wenn zum Zeitpunkt $t = 0$ der Zustand i vorliegt. Daher haben wir

$$W_i(t) = \overline{A}(t)\, \overline{F}(t), \quad i = 0, 1, 2.$$

Durch Übergang zu den LAPLACE- (STIELTJES-) Transformierten und Anwendung der Formel (6.13) ist uns die mittlere Lebenszeit M des Systems prinzipiell gegeben. Um M jedoch mit vertretbarem Aufwand explizit angeben zu können, beschränken wir uns im folgenden auf die Betrachtung des wichtigen Spezialfalls eines konstanten Erneuerungsintervalls τ, d. h., wir setzen

$$A(t) = \begin{cases} 0, & t \leqq \tau = \text{const}, \\ 1, & \tau < t, \end{cases} \tag{6.14}$$

voraus. In diesem Fall haben wir

$$q_{01}(s) = \int_0^\tau \mathrm{e}^{-st}\,\mathrm{d}F(t), \qquad q_{02}(s) = \bar{F}(\tau)\mathrm{e}^{-s\tau},$$

$$q_{11}(s) = \int_0^\tau \mathrm{e}^{-st}\,G(t)\,\mathrm{d}F(t), \qquad q_{12}(s) = G(\tau)\bar{F}(\tau)\,\mathrm{e}^{-s\tau},$$

$$q_{13}(s) = \int_0^\tau \mathrm{e}^{-st}\,\bar{G}(t)\,\mathrm{d}F(t) + \bar{G}(\tau)\,\bar{F}(\tau)\,\mathrm{e}^{-s\tau},$$

$$q_{23}(s) = \int_0^\tau \mathrm{e}^{-st}\,\bar{B}(t)\,\mathrm{d}F(t) + \bar{B}(\tau)\,\bar{F}(\tau)\,\mathrm{e}^{-s\tau}$$

und

$$w_i(s) = \int_0^\tau \mathrm{e}^{-st}\,\bar{F}(t)\,\mathrm{d}t, \quad i = 0, 1, 2.$$

Die zugehörige mittlere Lebenszeit $M = M(\tau)$ des Systems hat die Struktur

$$M(\tau) = \int_0^\tau \bar{F}(t)\,\mathrm{d}t\,[1 + F(\tau)\,M_1(\tau) + \bar{F}(\tau)\,M_2(\tau)] \tag{6.15}$$

$$\text{mit } M_1(\tau) := \frac{1 + [G(\tau) - B(\tau)]\,\bar{F}(\tau)}{N_3(0)}, \tag{6.16}$$

$$M_2(\tau) := \frac{1 - \int_0^\tau [G(t) - B(t)]\,\mathrm{d}F(t)}{N_3(0)} \tag{6.17}$$

und

$$N_3(0) = \left[1 - \int_0^\tau G(t)\,\mathrm{d}F(t)\right][1 - B(\tau)\,\bar{F}(\tau)]$$

$$- G(\tau)\,\bar{F}(\tau)\int_0^\tau B(t)\,\mathrm{d}F(t). \tag{6.18}$$

Als Spezialfall erhalten wir für $\tau = \infty$ den Erwartungswert der Lebenszeit des Systems ohne Prophylaxe:

$$M(\infty) = \frac{1 + \int\limits_0^\infty F(t)\,\mathrm{d}G(t)}{\int\limits_0^\infty F(t)\,\mathrm{d}G(t)}\, \mu, \qquad (6.19)$$

wobei wir mit $\mu := \int\limits_0^\infty \bar{F}(t)\,\mathrm{d}t$ wie üblich die mittlere Lebenszeit eines Elements bezeichnen.

Als weiteren Spezialfall betrachten wir noch den Fall, daß neben dem Erneuerungsintervall τ auch die Erneuerungszeiten für HE und PE konstant sind, d. h., wir setzen

$$G(t) = \begin{cases} 0, & 0 \leq t \leq d_h \\ 1, & d_h < t \end{cases}, \qquad B(t) = \begin{cases} 0, & 0 \leq t \leq d_p \\ 1, & d_p \leq t \end{cases} \qquad (6.20)$$

voraus. Unter der zusätzlichen Voraussetzung

$$d_p < d_h = \tau \qquad (6.21)$$

erhalten wir die mittlere Lebenszeit des Systems zu

$$M(\tau) = \frac{1 + F(d_h)}{F(d_h)\,F(\tau) + F(d_p)\,\bar{F}(\tau)} \int\limits_0^\tau \bar{F}(t)\,\mathrm{d}t. \quad (6.22)$$

Es ist interessant, daß $M(\tau)$ in diesem Spezialfall die gleiche Struktur hat wie die durch (4.4) gegebene Verfügbarkeit eines Elements bei altersabhängiger Erneuerung. Dementsprechend ist ein bzgl. $M(\tau)$ optimales $\tau = \tau_0$ gemäß (4.5) Lösung der Gleichung

$$q(\tau) \int\limits_0^\tau \bar{F}(x)\,\mathrm{d}x - F(\tau) = \frac{a}{b - a}, \qquad (6.23)$$

wenn $a = F(d_p)$ und $b = F(d_h)$ gesetzt wird.

Auf Grund von Lemma 4.1 existiert eine eindeutige Lösung dieser Gleichung sicher dann, wenn die zu $F(x)$ gehörige Ausfallrate $q(x)$ unbeschränkt wächst.

Die Minimierung von $M(\tau)$ ist im allgemeinen Fall nur mit recht aufwendigen numerischen Verfahren möglich. Daher leiten wir im folgenden unter einigen zusätzlichen Voraussetzungen, die in der Praxis jedoch häufig erfüllt sind, einen Näherungswert für $M(\tau)$ ab, dessen Minimierung ohne Schwierigkeiten erfolgen kann.

Es gelte $d_h \ll \mu$, $d_p \ll \mu$ und τ habe die gleiche Größenordnung wie μ. Dann gilt näherungsweise

$$G(\tau) = 1; \quad \int_0^\tau \bar{G}(t)\, \mathrm{d}F(t) \approx \int_0^\infty \bar{G}(t)\, \mathrm{d}F(t) =: \alpha,$$

$$\tag{6.24}$$

$$B(\tau) = 1; \quad \int_0^\tau \bar{B}(t)\, \mathrm{d}F(t) \approx \int_0^\infty \bar{B}(t)\, \mathrm{d}F(t) =: \beta.$$

Damit erhalten wir aus (6.15) nach einfacher Rechnung

$$M(\tau) \approx \tilde{M}(\tau) = \frac{1 + \alpha}{\alpha F(\tau) + \beta \bar{F}(\tau)} \int_0^\tau \bar{F}(t)\, \mathrm{d}t. \tag{6.25}$$

Auf Grund der Analogie zwischen $\tilde{M}(\tau)$ und (6.22) ist ein bzgl. $\tilde{M}(\tau)$ optimales $\tau = \tilde{\tau}_0$ Lösung von (6.23), wenn dort $a = \alpha$ und $b = \beta$ gesetzt wird $\left(\text{wegen (6.9) gilt } \alpha > \beta\right)$. Diese Tatsache ist nicht weiter verwunderlich, da unter den Voraussetzungen (6.20) und (6.21) die Bedingungen (6.24) exakt erfüllt sind und überdies $\alpha = F(d_h)$ und $\beta = F(d_p)$ ist. Im Falle konstanter Erneuerungszeiten gilt unter den angegebenen Voraussetzungen somit $\tilde{M}(\tau) = M(\tau)$.

Beispiel 6.5 [111]: Es seien $F(t) = 1 - \mathrm{e}^{-\lambda t} - \lambda t\, \mathrm{e}^{-\lambda t}$, $G(t) = 1 - \mathrm{e}^{-\nu t}$, $B(t) = 1 - \mathrm{e}^{-\varrho t}$, $t \geq 0$, mit $\mu = 2/\lambda = 250\,h$, $d_h = 1/\nu = 5\,h$ und $d_p = 1/\varrho = 1\,h$. Gemäß (6.24) errechnen wir α und β zu $\alpha = 3{,}84 \cdot 10^{-4}$ und $\beta = 0{,}16 \times 10^{-4}$. Aus (6.23) erhalten wir das bzgl. $\tilde{M}(\tau)$ optimale

Erneuerungsintervall zu $\tilde{\tau}_0 = 46\,\text{h}$. Die zugehörigen Werte von $\tilde{M}(\tau)$ und $M(\tau)$ betragen $\tilde{M}(\tilde{\tau}_0) = 326\,323\,\text{h}$ und $M(\tilde{\tau}_0) = 326\ 787\ \text{h}$. Diese Werte unterscheiden sich nur um $0{,}14\%$.

Im Falle ohne Prophylaxe beträgt die mittlere Arbeitszeit des Systems gemäß (6.19) $M(\infty) = 169\,320\,\text{h}$. Also verlängern PE, die aller 46 h durchgeführt werden, die mittlere Lebenszeit des Systems um das 1,93 fache.

Flexible prophylaktische Erneuerung

Im Hinblick auf die Maximierung der mittleren Lebenszeit des Systems ist die flexible prophylaktische Erneuerung der konsequenten vorzuziehen. Wir unterscheiden im folgenden zwei Varianten der flexiblen prophylaktischen Erneuerung.

Variante I: Falls zum geplanten Zeitpunkt der PE des Arbeitselements das Reserveelement noch erneuert wird (PE oder HE), dann wird die PE des Arbeitselements auf den Zeitpunkt des Abschlusses der Erneuerung des Reserveelements verschoben. Die Übergangswahrscheinlichkeiten $Q_{01}(t)$, $Q_{02}(t)$, $Q_{11}(t)$ und $Q_{21}(t)$ stimmen mit denen der konsequenten prophylaktischen Erneuerung überein, da bei den entsprechenden Übergängen die Veränderung des Erneuerungsmodus nicht wirksam wird. Der Übergang vom Zustand 1 in den Zustand 2 kann jetzt dadurch eintreten, daß zum Zeitpunkt des Abschlusses der HE das Arbeitselement noch nicht ausgefallen ist, jedoch schon vor diesem Zeitpunkt seine PE vorgesehen war, oder daß die HE vor der planmäßig stattfindenden PE des Arbeitselements abgeschlossen wurde. Daher haben wir

$$Q_{12}(t) = \int\limits_0^t \bar{F}(x)\,A(x)\,\mathrm{d}G(x) + \int\limits_0^t \bar{F}(x)\,G(x)\,\mathrm{d}A(x).$$

Ferner ist ein Ausfall des Systems, ausgehend vom Zustand 1, jetzt nur dadurch möglich, daß ein Versager des Arbeitselements vor Abschluß der HE stattfindet.

Somit ist

$$Q_{13}(t) = \int\limits_0^t \overline{G}(x)\, \mathrm{d}F(x).$$

Durch analoge Überlegungen erhalten wir

$$Q_{22}(t) = \int\limits_0^t \overline{F}(x)\, A(x)\, \mathrm{d}B(x) + \int\limits_0^t \overline{F}(x)\, B(x)\, \mathrm{d}A(x)$$

und

$$Q_{23}(t) = \int\limits_0^t \overline{B}(x)\, \mathrm{d}F(x).$$

Die Wahrscheinlichkeiten dafür, daß in $(0, t)$, ausgehend von den Zuständen 0, 1 bzw. 2, keine Zustandsänderung eintritt, betragen

$$W_0(t) = \overline{A}(t)\, \overline{F}(t), \quad W_1(t) = \overline{F}(t)\ [1 - A(t)\, G(t)]$$

und

$$W_2(t) = \overline{F}(t)\ [1 - A(t)\, B(t)].$$

Unter der Voraussetzung (6.14) ist die mittlere Lebenszeit des Systems durch (6.13) mit

$$N_1(0) = F(\tau) \left[1 - \int\limits_\tau^\infty B(t)\, \mathrm{d}F(t) \right] + \overline{F}(\tau) \int\limits_0^\tau B(t)\, \mathrm{d}F(t),$$

$$N_2(0) = F(\tau) \int\limits_\tau^\infty G(t)\, \mathrm{d}F(t) + \overline{F}(\tau) \left[1 - \int\limits_0^\tau G(t)\, \mathrm{d}F(t) \right],$$

$$N_3(0) = \left[1 - \int\limits_0^\tau G(t)\, \mathrm{d}F(t) \right] \left[1 - \int\limits_\tau^\infty B(t)\, \mathrm{d}F(t) \right]$$

$$- \left[\int\limits_\tau^\infty G(t)\, \mathrm{d}F(t) \right] \left[\int\limits_0^\tau B(t)\, \mathrm{d}F(t) \right]$$

und $w_0(0) = \int\limits_0^\tau \overline{F}(t)\, \mathrm{d}t, \quad w_1(0) = \mu - \int\limits_\tau^\infty \overline{F}(t)\, G(t)\, \mathrm{d}t$

sowie $w_2(0) = \mu - \int\limits_\tau^\infty \overline{F}(t)\, B(t)\, \mathrm{d}t$ gegeben.[1]

---

[1] Dieses Ergebnis weicht von dem in [111] erzielten ab, da dort
$$W_i(t) = \overline{A}(t)\, B(t),\ i = 0, 1, 2,$$
gesetzt wurde.

Im Falle konstanter Erneuerungszeiten erhalten wir für $M(\tau)$ wieder den durch (6.22) gegebenen Ausdruck, wenn (6.21) vorausgesetzt wird. Diese Tatsache ist darauf zurückzuführen, daß unter der Voraussetzung (6.21) die Veränderung des Erneuerungsmodus nicht wirksam wird. Aus dem gleichen Grunde stimmt auch der unter den Voraussetzungen (6.24) berechnete Näherungswert für $M(\tau)$ wieder mit dem durch (6.25) gegebenen Wert überein (diese Bemerkungen treffen auch auf die folgende Variante zu).

Variante II: Falls zum geplanten Zeitpunkt der PE des Arbeitselements das Reserveelement noch erneuert wird (PE oder HE), dann wird auf die PE des Arbeitselements verzichtet (die Planung einer PE dieses Elements erfolgt erst zum Zeitpunkt seiner neuerlichen Inbetriebnahme).

Die Übergangswahrscheinlichkeiten $Q_{01}(t)$, $Q_{02}(t)$, $Q_{13}(t)$ und $Q_{23}(t)$ stimmen mit den entsprechenden von Variante I überein, während die Übergangswahrscheinlichkeiten $Q_{12}(t)$ und $Q_{22}(t)$ die gleichen wie bei der konsequenten prophylaktischen Erneuerung sind.

Für einen Übergang vom Zustand 1 in sich selbst bestehen jetzt zwei verschiedene (einander ausschließende) Möglichkeiten.

(i) Der geplante Zeitpunkt der PE fällt nach dem Versager des Arbeitselements, während die HE des Reserveelements vor dem Versager abgeschlossen wird.

(ii) Die PE des Arbeitselements wird vor dem Abschluß der HE eingeplant (die Wahrscheinlichkeit dafür, daß dieser Vorgang im Intervall $(0, x)$ stattfindet, beträgt $\int\limits_0^x A(y)\,\mathrm{d}G(y)$).

Daher haben wir

$$Q_{11}(t) = \int\limits_0^t \bar{A}(x)\,G(x)\,\mathrm{d}F(x) + \int\limits_0^t \int\limits_0^x A(y)\,\mathrm{d}G(y)\,\mathrm{d}F(x).$$

Durch analoge Überlegungen erhalten wir

$$Q_{21}(t) = \int\limits_0^t \bar{A}(x)\, B(x)\, \mathrm{d}F(x) + \int\limits_0^t \int\limits_0^x A(y)\, \mathrm{d}B(y)\, \mathrm{d}F(x).$$

Ferner haben wir

$$W_0(t) = \bar{A}(t)\, \bar{F}(t),$$

$$W_1(t) = \bar{F}(t)\left[\bar{A}(t) + \int\limits_0^t \bar{G}(x)\, \mathrm{d}A(x)\right] \quad \text{und}$$

$$W_2(t) = \bar{F}(t)\left[\bar{A}(t) + \int\limits_0^t \bar{B}(x)\, \mathrm{d}A(x)\right].$$

Daher ist die mittlere Lebenszeit des Systems unter der Voraussetzung 6.14 und 6.13 mit

$$N_1(0) = F(\tau) + \bar{F}(\tau)\left[\int\limits_0^\infty \bar{B}(t)\, \mathrm{d}t - B(\tau)\right],$$

$$N_2(0) = \bar{F}(\tau)\left[G(\tau) + \int\limits_0^\infty F(t)\, \mathrm{d}G(t)\right],$$

$$N_3(0) = \left(1 - B(\tau)\, \bar{F}(\tau)\right) \int\limits_0^\infty F(t)\, \mathrm{d}G(t)$$

$$+ \bar{F}(\tau)\, G(\tau) \int\limits_0^\infty F(t)\, \mathrm{d}B(t),$$

$$w_0(0) = \int\limits_0^\tau \bar{F}(t)\, \mathrm{d}t,$$

$$w_1(0) = \mu - G(\tau) \int\limits_\tau^\infty \bar{F}(t)\, \mathrm{d}t \quad \text{und}$$

$$w_2(0) = \mu - B(\tau) \int\limits_\tau^\infty \bar{F}(t)\, \mathrm{d}t$$

gegeben. Nach identischen Umformungen erhalten wir für $M(\tau)$ die äquivalente Darstellung [103]

$$M(\tau) = M(\infty) + \frac{[\alpha + G(\tau)]\left[\alpha \int\limits_0^\tau \bar{F}(t)\,\mathrm{d}t - \left(\alpha F(\tau) + \beta \bar{F}(\tau)\right)\mu\right]}{\alpha[\alpha + \bar{F}(\tau)\left(\beta G(\tau) - \alpha B(\tau)\right)]}.$$

wobei α und β durch (6.24) definiert sind, und $M(\infty)$ die durch (6.19) gegebene mittlere Lebenszeit des Systems ohne Prophylaxe bezeichnet.

PE vergrößern also genau dann die mittlere Lebenszeit des Systems, wenn

$$\alpha \int\limits_0^\tau \bar{F}(t)\,\mathrm{d}t > \left(\alpha F(\tau) + \beta(\bar{F}(\tau))\right)\mu$$

gilt. Diese Bedingung ist offenbar schärfer als unsere Voraussetzung (6.9).

In der Arbeit [20] wird die Verfügbarkeit des eben betrachteten doublierten Systems für die Varianten I und II im Falle der flexiblen prophylaktischen Erneuerung berechnet. Es wurde nachgewiesen, daß ein bzgl. der Verfügbarkeit optimales Erneuerungsintervall unter den Voraussetzungen (6.24) Lösung einer Gleichung ist, die die gleiche funktionelle Struktur wie (6.23) aufweist.

6.2.2. *Unterschiedliche Priorität der Grundelemente*

Die in diesem Abschnitt betrachtete Situation unterscheidet sich wesentlich von den bisher untersuchten: Zum Zeitpunkt $t = 0$ wird ein System in Betrieb genommen, das aus den $n = 2$ identischen Grundelementen e_1 und e_2 und einem den Grundelementen statistisch äquivalenten Reserveelement e_r besteht. Die Arbeit des Systems interessiert nur in einem endlichen Zeitintervall $[0, T]$. Ein in diesem Intervall ausfallendes Grundelement kann durch das Reserveelement ersetzt werden. Andere Erneuerungsmöglichkeiten für ein ausfallendes Grundelement existieren nicht. Falls daher in $[0, T]$ beide Grundelemente versagen, sind Stillstandszeiten unvermeidlich. Beim Ausfall eines nichterneuerbaren Grundelements arbeitet das andere weiter (falls es noch arbeitsfähig ist). Der Stillstand der Grundelemente e_1 und e_2 verursacht je Zeiteinheit die Kosten c_1 bzw. c_2. Wir setzen $c_1 > c_2$ voraus. Das Problem besteht in der Minimierung des Erwartungswertes der durch die möglichen Stillstandszeiten der Grundelemente in $[0, T]$ verursachten Kosten durch Auffindung optimaler Zeitpunkte für das Einschalten des Reserveelements. Denn auf Grund der Voraussetzung $c_1 > c_2$ ist es nicht unbedingt zweckmäßig, das Element e_2, wenn es vor dem Element e_1 versagt, sofort durch das Reserveelement zu ersetzen. Es ist, wie die folgenden Untersuchungen zeigen, u. U. kostengünstiger, die Erneuerung von e_2 auf einen späteren Zeitpunkt τ, $\tau < T$, zu verschieben.

Fall I: Heiße Reserve

Wir untersuchen das Problem, das von C. HENIN in [54] formuliert und gelöst wurde, zunächst für den Fall, daß sich das Reserveelement in heißer Reserve[1]) befindet.

Dann sind, falls zum Zeitpunkt x, $x < T$, ein Grundelement versagt, folgende Fälle möglich:

(a) Element e_1 versagt zum Zeitpunkt x. Dann ist es auf jeden Fall kostengünstig, wenn e_1 sofort durch e_r ersetzt wird (falls dieses noch verfügbar ist). Die Verschiebung der Erneuerung auf einen Zeitpunkt $\tau, x < \tau < T$, würde die Kosten nur um unnötige $c_1(\tau - x)$ Einheiten vergrößern.

---

[1]) Elemente, die sich in heißer Reserve befinden, sind den gleichen Anforderungen wie die Grundelemente ausgesetzt. Insbesondere sind die Lebenszeiten statistisch äquivalenter Elemente im Arbeits- wie im Reservezustand identisch verteilt.

(b) Element e_2 versagt zur Zeit x. Dann ist nur der Fall interessant, daß e_1 noch arbeitet. Denn anderenfalls wäre wegen (a) das Reserveelement bereits zur Erneuerung von e_1 verwendet worden. Wenn zum Zeitpunkt x das Reserveelement noch arbeitsfähig ist, verschieben wir die Erneuerung von e_2 auf einen späteren Zeitpunkt τ, $x \leqq \tau < T$. Der Sinn dieser Verschiebung besteht darin, bei einem eventuellen Ausfall von e_1 kostenungünstigere Stillstandszeiten durch Einschalten von e_r anstelle von e_1 zu vermeiden.

Auf Grund von (a) und (b) reduziert sich unser Problem darauf, für jeden Zeitpunkt x, $0 < x < T$, des Ausfalls von e_2 einen optimalen Zeitpunkt $\tau = \tau(x)$, $x \leqq \tau < T$, für das Einschalten von e_r (anstelle von e_2) anzugeben, wenn in $[0, x]$ weder e_1 noch e_r ausgefallen sind. Beim Ausfall von e_1 in $(x, \tau]$ wird jedoch e_1 durch e_r ersetzt, so daß eine Erneuerung von e_2 nicht mehr stattfinden kann. Wir wählen daher für ein fixiertes, aber beliebiges τ, $x \leqq \tau < T$, als Optimalitätskriterium den Erwartungswert $K(x, \tau)$ der Stillstandskosten, die unter der Bedingung auftreten, daß in $[0, x)$ weder e_1 noch e_r ausgefallen sind, und die demzufolge nur im Intervall $[x, T]$ anfallen können.

Wir schreiben $K(x, \tau)$ in der Form

$$K(x, \tau) = K_1(x, \tau) + K_2(x, \tau), \qquad (6.26)$$

wobei wir mit K_i diejenigen Kosten bezeichnen, die auf das Element e_i, $i = 1, 2$, zurückzuführen sind. Zunächst berechnen wir $K_1(x, \tau)$ und bezeichnen dazu mit X_1, X_2 und X_r die zufälligen Lebenszeiten von e_1, e_2 und e_r (nach Voraussetzung erfolgen alle Berechnungen unter der Bedingung „$X_1 > x \cap X_r > x$“). Damit führen wir die Ereignisse $E_1 = $ „$X_1 \geqq \tau$“, $\bar{E}_1 = $ „$X_1 < \tau$“, $E_r = $ „$X_r \geqq \tau$“ und $\bar{E}_r = $ „$X_r < \tau$“ ein, um $K_1(x, \tau)$ folgendermaßen zu zerlegen:

$$K_1(x, \tau) = K_1(x, \tau \mid E_1)\, \mathsf{P}(E_1) + K_1(x, \tau \mid \bar{E}_1 \cap E_r)\, \mathsf{P}(\bar{E}_1 \cap E_r)$$

$$+ K_1(x, \tau \mid \bar{E}_1 \cap \bar{E}_r)\, \mathsf{P}(\bar{E}_1 \cap \bar{E}_r). \qquad (6.27)$$

Unter der Bedingung E_1 bzw. E_r ist die „restliche" Lebenszeit von e_1 bzw. e_r gemäß $F_\tau(t)$ verteilt, wobei $F_\tau(t)$ durch (2.1) mit $x = \tau$ gegeben ist und $F(t)$ die VFL der Elemente bezeichnet. Daher haben wir

$$K_1(x, \tau \mid E_1) = K_1(x, \tau \mid \bar{E}_1 \cap E_r) = c_1 \int\limits_0^{T-\tau} (T - \tau - t)\, \mathrm{d}F_\tau(t).$$

Unter der Bedingung $\bar{E}_1 \cap \bar{E}_r$ ist die Zufallsgröße $Z = \max(X_1 - x, X_r - x)$ gemäß

$$\mathsf{P}(Z < t) = \left[\frac{F_x(t)}{F_x(\tau - x)}\right]^2$$

verteilt (nach Ablauf von $Z + x$ Zeiteinheiten treten je Zeiteinheit die Kosten c_1 auf). Daher haben wir

$$K_1(x, \tau \mid \bar{\bar{E}}_1 \cap \bar{E}_r)$$

$$= \frac{2\, c_1}{[F_x(\tau - x)]^2} \int\limits_0^{\tau-x} (T - x - t)\, F_x(t)\, \mathrm{d}F_x(t).$$

Ferner haben wir auf Grund der Unabhängigkeit der Ereignisse E_1 und E_r und der formalen Gleichberechtigung von e_1 und e_r

$$\mathsf{P}(E_1) = \mathsf{P}(E_r) = \bar{F}_x(\tau - x), \; \mathsf{P}(\bar{E}_1) = \mathsf{P}(\bar{E}_r) = F_x(\tau - x).$$

$$(6.28)$$

Das Einsetzen dieser Ergebnisse in (6.27) liefert nach identischen Umformungen

$$K_1(x, \tau) = \frac{c_1}{[\bar{F}(x)]^2} \left[[1 + F(\tau)] \int\limits_\tau^T (T - t)\, \mathrm{d}F(t) \right.$$

$$\left. + 2 \int\limits_x^\tau (T - t)\, F(t)\, \mathrm{d}F(t) - 2F(x) \int\limits_x^T (T - t)\, \mathrm{d}F(t) \right].$$

Eine zu (6.27) analog durchgeführte Zerlegung von $K_2(x, \tau)$ liefert

$$K_2(x, \tau) = \frac{c_2}{[\bar{F}(x)]^2} \left[(T - x)\,[\bar{F}(x)]^2 - (T - \tau)\,[\bar{F}(\tau)]^2 \right.$$

$$\left. + \bar{F}(\tau) \int\limits_{\tau}^{T} (T - t)\,\mathrm{d}F(t) \right].$$

Durch Addition von K_1 und K_2 erhalten wir gemäß (6.26) die insgesamt auftretenden Verlustkosten zu

$$K(x, \tau) = \frac{A(x) + B(\tau)}{[\bar{F}(x)]^2} \tag{6.29}$$

mit

$$A(x) := c_2(T - x)\,[\bar{F}(x)]^2$$

$$+ 2c_1 \left[\int\limits_{x}^{T} (T - t)\,F(t)\,\mathrm{d}F(t) - F(x) \int\limits_{x}^{T} (T - t)\,\mathrm{d}F(t) \right]$$

und

$$B(\tau) := [c_1(1 + F(\tau)) + c_2\bar{F}(\tau)] \int\limits_{\tau}^{T} (T - t)\,\mathrm{d}F(t)$$

$$- 2c_1 \int\limits_{\tau}^{T} (T - t)\,F(t)\,\mathrm{d}F(t) - c_2(T - \tau)\,[\bar{F}(\tau)]^2.$$

Auf Grund der Darstellung (6.29) ist das Problem der Minimierung von $K(x, \tau)$ für beliebiges x, $0 < x < T$, damit äquivalent, solche Werte von τ zu bestimmen, an denen die Funktion $B(\tau)$ ihr Minimum annimmt. Wegen

$$B'(\tau) = c_2[\bar{F}(\tau)]^2 - (c_1 - c_2)\,f(\tau) \int\limits_{\tau}^{T} \bar{F}(t)\,\mathrm{d}t \tag{6.30}$$

sind daher bzgl. $B(\tau)$ optimale Werte von τ Lösungen der Gleichung

$$c_2\bar{F}(\tau) - (c_1 - c_2)\,q(\tau) \int\limits_{\tau}^{T} \bar{F}(t)\,\mathrm{d}t = 0, \tag{6.31}$$

10 Beichelt

wobei wir wie üblich mit $q(x)$ die zu $F(t)$ gehörige Ausfallrate bezeichnen. Auf Grund von (6.30) gilt für ein bzgl. $K(x, \tau)$ optimales $\tau = \tau(x)$ stets $\tau(x) = x$, wenn der Quotient $c := c_1/c_2$ der Bedingung

$$c < 1 + \inf_{0 < \tau < T} \frac{\overline{F}(\tau)}{q(\tau) \int\limits_{\tau}^{T} \overline{F}(t)\, \mathrm{d}t}.$$

genügt. Auf der anderen Seite existieren für beliebige x, $0 < x < T$, stets solche kritischen Werte $c = c(x)$, so daß für $c > c(x)$ stets $\tau(x) > x$ gilt.

Beispiel 6.7: Es sei $F(t) = 1 - \mathrm{e}^{-\lambda t}$, $t \geqq 0$, $\lambda > 0$. Die Gleichung (6.31) hat dann die einfache Gestalt

$$\mathrm{e}^{\lambda(T-\tau)} = \frac{c_1 - c_2}{c_1 - 2c_2}.$$

Es existiert genau dann eine eindeutig bestimmte Lösung τ_0, $0 < \tau_0 < T$, dieser Gleichung, wenn

$$\mathrm{e}^{\lambda T} > \frac{c - 1}{c - 2}$$

ausfällt. In diesem Fall gilt $\tau(x) \equiv x$ für $x \geqq \tau_0$ und $\tau(x) \equiv \tau_0$ für $x < \tau_0$.

Fall II: Kalte Reserve

Ähnliche Überlegungen wie für die heiße Reserve lassen erkennen, daß es auch in diesem Fall genügt, alle Untersuchungen unter der Bedingung „$X_1 \geqq x$" durchzuführen. Dementsprechend wählen wir als Optimalitätskriterium die mittleren Verlustkosten $K(x, \tau)$, die unter dieser Bedingung auftreten. $K(x, \tau)$ spalten wir wieder in der durch (6.26) gegebenen Form auf und zerlegen $K_1(x, \tau)$ mit den bereits eingeführten Ereignissen E_1 und $\overline{E}_1$ auf die folgende Weise:

$$K_1(x, \tau) = K_1(x, \tau \mid E_1)\, \mathsf{P}(E_1) + K_1(x, \tau) \mid \overline{E}_1)\, \mathsf{P}(\overline{E}_1). \quad (6.32)$$

$K_1(x, \tau \mid E_1)$ ist offenbar wieder durch

$$K_1(x, \tau) \mid E_1) = c_1 \int\limits_0^{T-\tau} (T - \tau - t) \, \mathrm{d}F_\tau(t)$$

gegeben. Unter der Bedingung „$X_1 = t < \tau$" verursacht e_1 im Mittel die Verlustkosten (da es zum Zeitpunkt t durch e_r ersetzt wird)

$$c_1 \int\limits_0^{T-t} (T - t - y) \, \mathrm{d}F(y) - c_1 \int\limits_0^{T-t} F(y) \, \mathrm{d}y.$$

Daher haben wir

$$K_1(x, \tau \mid \bar{E}_1) = \frac{c_1}{F(\tau) - F(x)} \int\limits_x^\tau \int\limits_0^{T-t} F(y) \, \mathrm{d}y \, \mathrm{d}F(t).$$

Unter Berücksichtigung von (6.28) erhalten wir durch Einsetzen dieser Ergebnisse in (6.32)

$$K_1(x, \tau) = \frac{c_1}{\bar{F}(x)} \left[\int\limits_\tau^T (T - t) \, \mathrm{d}F(t) + \int\limits_x^\tau \int\limits_0^{T-t} F(y) \, \mathrm{d}y \, \mathrm{d}F(t) \right].$$

Eine Zerlegung von $K_2(x, \tau)$ entsprechend (6.32) liefert

$$K_2(x, \tau) = \frac{c_2}{\bar{F}(x)} \left[(T - x) \, \bar{F}(x) - \bar{F}(\tau) \int\limits_0^{T-\tau} \bar{F}(t) \, \mathrm{d}t \right].$$

In Analogie zu (6.29) erhalten wir durch Addition von K_1 und K_2 die insgesamt auftretenden Verlustkosten K zu

$$K(x, \tau) = \frac{A(x) + B(\tau)}{\bar{F}(x)} \tag{6.33}$$

mit

$$A(x) := c_2(T - x) \, \bar{F}(x) - c_1 \int\limits_0^x \int\limits_0^{T-t} F(y) \, \mathrm{d}y \, \mathrm{d}F(t)$$

10*

und

$$B(\tau) := c_1 \int_\tau^T (T-t)\,\mathrm{d}F(t) + c_1 \int_0^\tau \int_0^{T-t} F(y)\,\mathrm{d}y\,\mathrm{d}F(t)$$

$$- c_2 \bar{F}(\tau) \int_0^{T-\tau} \bar{F}(t)\,\mathrm{d}t.$$

Wie im Falle der heißen Reserve erhalten wir für $x = \tau = 0$ die mittleren Verlustkosten des Systems ohne Reserveelement. Für $x = \tau = T$ ergeben sich die Verlustkosten, die durch ein Element mit der VFL $(F * F)(t)$ verursacht werden (Kostenparameter c_1).

Zur Minimierung von $K(x, \tau)$ bzgl. τ genügt es, die Funktion $B(\tau)$ zu minimieren. Ein bzgl. $B(\tau)$ optimales τ ist Lösung der Gleichung $\mathrm{d}B(\tau)/\mathrm{d}\tau = 0$ bzw.

$$(c_1 - c_2)\, q(\tau) \int_0^{T-\tau} \bar{F}(y)\,\mathrm{d}y = c_2\, \bar{F}(T-\tau). \qquad (6.34)$$

Beispiel 6.8: Es sei $F(t) = 1 - \mathrm{e}^{-\lambda t}$, $t \geq 0$, $\lambda > 0$. Die Gleichung (6.34) vereinfacht sich hier zu

$$\mathrm{e}^{\lambda(T-\tau)} = \frac{c_1}{c_1 - c_2}.$$

Es existiert genau dann eine eindeutige Lösung dieser Gleichung, wenn $\mathrm{e}^{\lambda T} > \dfrac{c}{c-1}$ $(c = c_1/c_2)$ ausfällt.

Abschließend sei darauf hingewiesen, daß es keine prinzipiellen Schwierigkeiten bereitet, die gleiche Situation für den Fall von $n > 2$ Grundelementen zu analysieren [54].

6.2.3. *Erneuerung bei additivem Verlust*

Zum Zeitpunkt $t = 0$ wird das System in Betrieb genommen. Beim Versagen von einem oder mehreren Elementen arbeiten die anderen weiter. Mit der (gleichzeitigen) Erneuerung der ausgefallenen Elemente wird erst dann begonnen, wenn eine von vornherein fixierte Anzahl, etwa k, $1 \leq k \leq n$, von Elementen ausgefallen ist. In dieem Fall wird das ganze System vollständig erneuert, d. h., die k ausgefallenen Elemente werden durch eine HE und die bis zum k-ten Ausfall noch arbeitetenden Elemente durch eine PE in ihren ursprünglichen Zustand zurückversetzt. Danach wird das System sofort wieder in Betrieb genommen. Dieser Prozeß wird unbeschränkt fortgesetzt.

Wir nehmen an, daß der Stillstand eines Elements je Zeiteinheit einen Verlust von a Kosteneinheiten verursacht. Dabei treten Stillstandszeiten eines Elements vom Augenblick seines Ausfalls bis zum Beginn der Erneuerung sowie während der Erneuerung auf (die Erneuerung des Systems nach dem k-ten Versager nehme $z(k)$ Zeiteinheiten in Anspruch, die zugehörigen Erneuerungskosten betragen $c(k)$, $k = 1, 2, \ldots, n$, Kosteneinheiten).

Der Verlust erscheint in dieser Situation als Summe der Verluste aller Elemente, die durch Stillstandszeiten hervorgerufen werden, zuzüglich der Erneuerungskosten (= summarischer Verlust). Als Optimalitätskriterium wählen wir daher jetzt den summarischen Verlust je Zeiteinheit, den wir mit $W(k)$ bezeichnen.

Durch die Erneuerungen wird der Betriebsprozeß des Systems in Perioden zerlegt. Zur Bestimmung von $W(k)$ berechnen wir zunächst den mittleren summarischen Verlust je Periode. Dazu bezeichnen wir mit T_i die zufälligen Zeiten vom Arbeitsbeginn des Systems nach Inbetriebnahme bzw. Erneuerungsabschluß bis zum i-ten Versager, $i = 1, 2, \ldots, n$. Die Folge $\{T_i\}$ kann also als die zur Folge der Lebenszeiten $\{X_j\}$ gehörige geordnete Stichprobe aufgefaßt werden. Bis zum Eintreten des k-ten Versagers entsteht somit der summarische Verlust

$$T(k) = a \sum_{i=1}^{k-1} (T_k - T_i) + c(k)$$

$$= a(k-1) T_k - a \sum_{i=1}^{k-1} T_i + c(k).$$

Daher haben wir je Zeiteinheit den mittleren summarischen Verlust

$$W(k) = \frac{a\left[k-1)\ \mathsf{E}(T_k) - \sum_{i=1}^{k-1} \mathsf{E}(T_i) + nz(k)\right] + c(k)}{\mathsf{E}(T_k) + z(k)}.$$

$$(6.35)$$

Die Minimierung von $W(k)$ bzgl. k erweist sich selbst für identische Elemente als ein numerisch sehr arbeitsaufwendiges Problem, da die in der Theorie der geordneten Stichproben berechneten Verteilungen der T_i und insbesondere die zugehörigen Erwartungswerte $\mathsf{E}(T_i)$ eine recht komplizierte Struktur haben. Für die praktische Anwendung von (6.35) empfiehlt es sich daher, unmittelbar mit statistischen Schätzungen für die $\mathsf{E}(T_i)$ zu arbeiten und das optimale $k = k_0$ durch Vergleich der $W(k)$ zu ermitteln, $k = 1, 2, \ldots, n$.

Wenn wir in (6.35) speziell $a = 1$ und $c(k) = 0$, $k = 1, 2, \ldots, n$, setzen, dann erhalten wir die summarische Stillstandszeit $Z(k)$ des Systems je Zeiteinheit, die ebenfalls als Optimalitätskriterium dienen kann:

$$Z(k) = \frac{(k-1)\ \mathsf{E}(T_k) - \sum_{i=1}^{k-1} \mathsf{E}(T_i) + nz(k)}{\mathsf{E}(T_k) + z(k)}.$$

Beispiel 6.9: Das System bestehe aus n identischen Elementen mit der VFL $F(t) = 1 - e^{-\lambda t}$, $\lambda > 0$, $t \geqq 0$. Ferner sei $z(k) = zk$, $z > 0$.

In diesem Fall ist bzgl. $Z(k)$ gemäß [43] $k_0 = 1$. Wegen $\mathsf{P}(T_1 < t) = 1 - e^{-\lambda nt}$ folgt

$$\mathsf{E}(T_1) = \int_0^\infty e^{-\lambda nt}\, \mathrm{d}t = \frac{1}{\lambda n}.$$

Daher beträgt die minimale summarische Stillstandszeit des Systems je Zeiteinheit

$$Z(1) = \frac{zn^2\lambda}{1 + zn\lambda}.$$

7. Erneuerung von Systemen mit Markoffscher Alterung

Wir betrachten in diesem Abschnitt eine Klasse von stochastischen Prozessen, die sog. Markoffschen Entscheidungsprozesse, die zur analytischen Beschreibung zahlreicher in der Instandhaltung, der Lagerhaltung, der statistischen Qualitätskontrolle und in anderen Bereichen auftretenden Situationen dienen können (s. etwa Derman [31], Girlich [47]). Nach der Definition dieser Prozesse und der Darstellung der mit ihnen verbundenen Optimierungsprobleme werden wir ihre Anwendung in der Theorie der Instandhaltung anhand einiger Beispiele illustrieren.

7.1. Markoffsche Entscheidungsprozesse

7.1.1. Definition

Gegeben ist ein System, das während seiner Betriebszeit n verschiedene Zustände durchlaufen kann. Der Zustand des Systems zum Zeitpunkt t ist durch eine Zufallsgröße Z_t mit den Realisierungen $\{z_1, z_2, \ldots, z_N\}$ gegeben, $N < \infty$. Als Beispiel kann ein aus N Elementen bestehendes System dienen, wenn Z_t die Anzahl der zum Zeitpunkt t ausgefallenen Elemente angibt. Allgemein läßt sich Z_t als charakteristische physikalische Kenngröße (Verschleißgrad) eines Systems interpretieren.

Der Zustand des Systems ist nur durch Inspektionen feststellbar, die zu den Zeitpunkten $t = 0, 1, 2, \ldots$ durchgeführt werden. Nach jeder Inspektion wird eine der K, $K < \infty$, Entscheidungen $d_1, d_2, \ldots, d_k$ als Realisierung einer i. a. zeitabhängigen Zufallsgröße D_t getroffen. Eine Entscheidung kann z. B. eine Zustandsänderung des Systems durch seine teilweise oder vollständige Erneuerung beinhalten.

Wir setzen voraus, daß die zum Zeitpunkt t getroffene Entscheidung nur von t und dem zu diesem Zeitpunkt beobachteten Zustand abhängt (bzw. abhängen kann). Der Zustand des Systems zur Zeit $t + 1$ hänge jedoch nur vom Zustand des Systems zur Zeit t und der dort getroffenen Entscheidung ab, aber nicht von t (stationäre Übergangswahrscheinlichkeiten). Mit diesen Vereinbarungen definieren wir die folgenden bedingten Wahrscheinlichkeiten

$$q_{ij}(k) := \mathsf{P}(Z_{t+1} = z_j \mid Z_t = z_i,\ D_t = d_k), \qquad (7.1)$$

$$t = 0, 1, 2, \ldots;\quad i, j = 1, 2, \ldots, N;\quad k = 1, 2, \ldots, K;$$

$$r_{ik}(t) := \mathsf{P}(D_t = d_k \mid Z_t = z_i), \qquad (7.2)$$

$$t = 0, 1, 2, \ldots;\quad i = 1, 2, \ldots, N;\quad k = 1, 2, \ldots, K.$$

Die $q_{ij}(k)$ und $r_{ik} = r_{ik}(t)$ erfüllen die Beziehungen

$$\sum_{j=1}^{n} q_{ij}(k) = 1, \quad q_{ij} \geqq 0;\ i = 1, 2, \ldots, N;$$

$$i = 1, 2, \ldots, K.$$

$$\sum_{k=1}^{K} r_{ik}(t) = 1,\ r_{ik}(t) \geqq 0,\quad i = 1, 2, \ldots, N;$$

$$t = 0, 1, 2, \ldots;\quad k = 1, 2, \ldots, K. \qquad (7.3)$$

Definition: Der stochastische Prozeß $\{(Z_t, D_t),\ t = 0, 1, 2, \ldots\}$ heißt MARKOFFscher *Entscheidungsprozeß* mit dem *Zustandsraum* $\{z_1, z_2, \ldots, z_N\}$ und dem *Entscheidungsraum* $\{d_1, d_2, \ldots, d_k\}$.

Ein Markoffscher Entscheidungsprozeß ist somit durch Angabe von Zustands- und Entscheidungsraum sowie von Familien $\{q_{ij}(k)\}$ und $\{r_{ik}(t)\}$ mit den geforderten Eigenschaften und durch Angabe einer Anfangsverteilung auf dem Zustandsraum gegeben.[1]

Definition: Eine Folge $R = \{r_{ik}(t); i = 1, 2, \ldots, N; k = 1, 2, \ldots, K; t = 0, 1, 2, \ldots\}$, die den Bedingungen (7.3) genügt, nennen wir *Entscheidungsstrategie*. Die Menge aller R heißt *Raum der Entscheidungsstrategien*.

Von besonderer Bedeutung sind die deterministischen Entscheidungsstrategien. In diesem Fall wird jedem Zustand des Systems genau eine Entscheidung zugeordnet, d. h., die Folgen $\{r_{ik}(t), k = 1, 2, \ldots, K\}$ bestehen für alle i und t aus einer Eins und $K - 1$ Nullen.

Unter unseren Voraussetzungen ist der Prozeß $\{Z_t, D_t\}$ Markoffsch. Speziell ist der stochastische Prozeß $\{Z_t\}$ eine diskrete Markoffsche Kette mit den Übergangswahrscheinlichkeiten

$$p_{ij}(t) = \sum_{k=1}^{K} r_{ik}(t)\, q_{ij}(k).$$

In der Literatur wurden bereits erhebliche Verallgemeinerungen der von uns gegebenen Definition Markoffscher Entscheidungsprozesse behandelt. Von besonderer Bedeutung sind dabei die Semi-Markoffschen Entscheidungsprozesse (s. etwa [58, 59]).

7.1.2. *Optimierungsprobleme*

Charakteristisch für Markoffsche Entscheidungsprozesse ist, daß jeder Entscheidung in Abhängigkeit vom Ausgangs- und Folgezustand Verlustkosten zugeord-

---

[1] Genauer: Der Phasenraum des Markoffschen Entscheidungsprozesses ist durch das kartesische Produkt von Zustands- und Entscheidungsraum gegeben, und das Wahrscheinlichkeitsmaß Q auf der Potenzmenge des Phasenraumes wird durch die Folgen $\{q_{ij}(k)\}$ und $\{r_{ik}\}$ gemäß (7.1) und (7.2) in Verbindung mit einer Anfangsverteilung auf dem Zustandsraum erzeugt.

net werden. Genauer bezeichnen wir mit $c_{ij}(k)$ diejenigen, von t unabhängigen, Verlustkosten, die entstehen, wenn zu einem Zeitpunkt $t = 0, 1, \ldots$ der Zustand z_i vorliegt sowie die Entscheidung d_k getroffen wird und zum Zeitpunkt $t + 1$ der Zustand z_j angenommen wird. Daher sind

$$c_i(k) = \sum_{j=1}^{N} q_{ij}(k)\, c_{ij}(k)$$

die mittleren Verlustkosten, die zu einem beliebigen Zeitpunkt $t = 0, 1, 2, \ldots$ entstehen, wenn dort der Zustand z_i vorliegt und die Entscheidung d_k gefällt wird. Damit definieren wir eine Zufallsgröße K_t durch

$$K_t = c_i(k) \quad \text{für} \quad Z_t = z_i \quad \text{und} \quad D_t = d_k,$$
$$i = 1, 2, \ldots, N; \quad k = 1, 2, \ldots, K.$$

K_t sind also die zufälligen Verlustkosten, die zum Zeitpunkt t entstehen. Die Verteilung von K_t hängt natürlich von der speziell gewählten Entscheidungsstrategie (kurz: Strategie) $R = \{r_{ik}(t)\}$ ab (die Abhängigkeit von Parametern oder Verteilungen von einer Strategie R werden wir in Zukunft durch den Index R kennzeichnen). Auf Grund der Definition des Erwartungswertes einer diskreten Zufallsgröße haben wir

$$\mathsf{E}_R K_t = \sum_{i=1}^{N} \sum_{k=1}^{K} \mathsf{P}_R(Z_t = z_i, D_t = d_k)\, c_i(k).$$

Der Erwartungswert $K(T, R)$ der in einem fixierten Intervall $[0, T]$, $T = 0, 1, 2, \ldots$, insgesamt auftretenden Verlustkosten beträgt demnach

$$K(T, R) = \sum_{t=0}^{T} \mathsf{E}_R K_t. \tag{7.4}$$

Das Problem der Bestimmung einer bzgl. $K(T, R)$ optimalen Entscheidungsstrategie $R = R^*$ lösen wir im folgenden Abschnitt mit Hilfe der Methode der dynamischen Optimierung.

Bei unbeschränkter Betriebszeit des Systems empfiehlt es sich (in Anlehnung an die Betrachtungsweise der früheren Abschnitte), die durchschnittlichen Verlustkosten je Zeiteinheit als Maß für die „Güte" einer Strategie zu nehmen:

$$K(R) = \lim_{T \to \infty} \frac{1}{T} K(T, R) \qquad (7.5)$$

(wir betrachten später nur solche Fälle, in denen dieser Grenzwert existiert). Eine bzgl. $K(R)$ optimale Strategie werden wir mit Hilfe der linearen Optimierung berechnen.

Auf das in der Theorie der Markoffschen Entscheidungsprozesse ebenfalls eine fundamentale Rolle spielende Problem der Minimierung der „diskontierten" Kosten (Diskontfaktor α, $0 < \alpha < 1$)

$$K(R, \alpha) = \mathsf{E}_R \sum_{t=0}^{\infty} \alpha^t K_t \qquad (7.6)$$

werden wir nicht eingehen.[1]) Es sei jedoch auf den aus der Theorie der Lagerhaltung her bekannten Sachverhalt

$$K(R) = \lim_{\alpha \uparrow 1} (1 - \alpha) K(R, \alpha) \qquad (7.7)$$

hingewiesen, der bei verschiedenen Beweisführungen eine wesentliche Rolle spielt.

Von besonderem praktischem Interesse ist die Tatsache, daß die bzgl. $K(R)$ und $K(R, \alpha)$ optimalen Entscheidungsstrategien stationär und deterministisch sind (s. etwa [31]). Da nur endlich viele Strategien mit dieser Eigenschaft existieren, ist es daher prinzipiell möglich, eine optimale Strategie durch vollständige Enumeration $\big(=$ Berechnung und Vergleich von $K(R)$ bzw. $K(R, \alpha)\big)$

---

[1]) Auch gehen wir nicht auf den „first-passage"-Problemkreis ein, da er nicht zum Gegenstand dieses Bandes gehört (das hier interessierende Problem besteht in der Bestimmung eines kleinstmöglichen Wertes von t, so daß für einen von vornherein fixierten Zustand z_m die Beziehung $Z_t = z_m$ gilt).

für alle R zu bestimmen. Die in den folgenden Abschnitten beschriebenen Methoden zur Berechnung optimaler Strategien führen jedoch i. a. bedeutend schneller zum Ziel.

7.1.3.   *Anwendung dynamischer Optimierung*

Wir nehmen zunächst an, daß die Arbeit des Systems nur in einem endlichen Intervall $[0, T]$, $T = 1, 2, \ldots$, interessiert. Das heißt, wir beobachten den MARKOFFschen Entscheidungsprozeß nur in diesem Intervall. Dabei setzen wir grundsätzlich voraus, daß zum Zeitpunkt $t = 0$ der Zustand z_a vorliegt ($Z_0 = z_a$), $a = 1, 2, \ldots, N$. In diesem Fall empfiehlt sich die Anwendung einer Entscheidungsstrategie $R = R^*$, die den durch (7.4) gegebenen Erwartungswert $K(T, R)$ der in $[0, T]$ insgesamt auftretenden Verlustkosten minimiert. Zur Bestimmung einer derartigen Strategie bezeichnen wir mit $K_n(T, R, j)$ den Erwartungswert der im Intervall $[n, T]$, $0 \leq n \leq T$, unter der Bedingung $Z_n = j$ bei Anwendung der Strategie R auftretenden Verlustkosten, d. h., wir setzen

$$K_n(T, R, j) := \mathsf{E}_R \left[\sum_{t=n}^{T} K_t \mid Z_n = j \right].$$

Ferner sei $K_n(T, j) := \inf_R K_n(T, R, j)$. Wir definieren jetzt eine solche Strategie $R = R^*$, die zur Zeit n eine Entscheidung $d_{ik*} = d_{ik*}(n)$ vorschreibt, so daß

$$c_i(k^*) + \sum_{j=1}^{N} q_{ij}(k^*)\, K_{n+1}(T, j)$$

$$= \min_{k=1,2,\ldots,K} \left\{ c_i(k) + \sum_{j=1}^{N} q_{ij}(k)\, K_{n+1}(T, j) \right\}$$

erfüllt ist, $n = 0, 1, \ldots, T$; $K_{T+1}(T, j) := 0$.

Satz 7.1: *Es gelten*

(a) $K_n(T, R^*, i) = K_n(T, i), \quad n = 0, 1, \ldots, T,$

$$i = 1, 2, \ldots, N,$$

(b) $K_n(T, i) = \min_{k=1,2,\ldots,K} \left\{ c_i(k) + \sum_{j=1}^{N} q_{ij}(k) \, K_{n+1}(T, j) \right\} \quad (7.8)$

und

(c) R^* *ist optimal bzgl.* $K(T, R)$, *d. h., es gilt*

$$K(T, R^*) = \inf_R K(T, R).$$

Beweis: Auf Grund des Satzes über die totale Wahrscheinlichkeit gilt für eine beliebige Strategie $R = \{r_{ik}(n)\}$

$$K_n(T, R, i) = \sum_{k=1}^{K} r_{ik}(n) \left[c_i(k) + \sum_{j=1}^{N} q_{ij}(k) \, K_{n+1} (T, R, j) \right].$$

$$(7.9)$$

Daher ist (a) für $n = T$ sicher erfüllt. Angenommen, es gilt auch $K_{n+1}(T, R^*, i) = K_{n+1}(T, i)$ für $n < T - 1$. Dann folgt aus (7.9)

$$K_n(T, R, i) \geq \sum_{k=1}^{K} r_{ik}(n) \left[c_i(k) + \sum_{j=1}^{N} q_{ij}(k) \, K_{n+1}(T, j) \right]$$

$$\geq c_i(k^*) + \sum_{j=1}^{N} q_{ij}(k^*) \, K_{n+1}(T, j)$$

$$= c_i(k^*) + \sum_{j=1}^{N} q_{ij}(k^*) \, K_{n+1}(T, R^*, j).$$

Da diese Abschätzung für alle R gilt, folgt

$$K_n(T, i) \geq c_i(k^*) + \sum_{j=1}^{N} q_{ij}(k^*) \, K_{n+1}(T, R^*, j).$$

Nach Definition von R^* muß daher

$$K_n(T, R^*, i) = K_n(T, i) = c_i(k^*) + \sum_{j=1}^{N} q_{ij}(k^*) K_{n+1}(T, R^*, j)$$

gelten. Damit ist der Induktionsschluß geführt, und neben (a) ist auch (b) bewiesen. Die Behauptung (c) folgt aus

$$K_0(T, R^*, a) = K_0(T, a) = \inf_{R} K(T, R).$$

Die Rekursionsgleichung $(7.8)'$ kann unmittelbar zur Berechnung der optimalen Strategie R^* benutzt werden. Wir illustrieren das Vorgehen an einem numerischen Beispiel.

Beispiel 7.1: Es seien $N = K = 2$; $c_1(1) = 1$, $c_1(2) = 0$, $c_2(1) = 2$, $c_2(2) = 3$ und

$$\left\{\begin{array}{cc}[q_{11}(1), q_{11}(2)] & [q_{12}(1), q_{12}(2)] \\[2mm] [q_{21}(1), q_{21}(2)] & [q_{22}(1), q_{22}(2)]\end{array}\right\} = \left\{\begin{array}{cc}\left[\frac{1}{2}, \frac{1}{4}\right] & \left[\frac{1}{2}, \frac{3}{4}\right] \\[3mm] \left[\frac{2}{3}, \frac{1}{3}\right] & \left[\frac{1}{3}, \frac{2}{3}\right]\end{array}\right\}.$$

Unser Ziel ist die Bestimmung einer Strategie $R = R^*$, so daß $K(T, R)$ sein Minimum $K_0(T, a)$ für $T = 2$ und $a = z_i$, $i = 1, 2$, annimmt.

Offenbar haben wir

$$K_2(2, 1) = \min\{c_1(1), c_1(2)\} = 0 \quad \text{und}$$

$$K_2(2, 2) = \min\{c_2(1), c_2(2)\} = 2.$$

Die Strategie R^* schreibt also für $Z_2 = z_1$ die Entscheidung d_2 und für $Z_2 = z_2$ die Entscheidung d_1 vor.

Die Anwendung der Funktionalgleichung (7.8) liefert

für $n = 1$:

$$K_1(2, 1) = \min \left\{ 1 + \frac{1}{2} K_2(2, 1) + \frac{1}{2} K_2(2, 2), \right.$$

$$\left. \frac{1}{4} K_2(2, 1) + \frac{3}{4} K_2(2, 2) \right\}$$

$$= \min \left\{ 2, \frac{3}{2} \right\} = \frac{3}{2},$$

$$K_1(2, 2) = \min \left\{ 2 + \frac{2}{3} K_2(2, 1) + \frac{1}{3} K_2(2, 2), \right.$$

$$\left. 3 + \frac{1}{3} K_2(2, 1) + \frac{2}{3} K_2(2, 2) \right\}$$

$$= \min \left\{ \frac{8}{3}, \frac{13}{3} \right\} = \frac{8}{3}.$$

Die Strategie R^* schreibt demnach für $Z_1 = z_1$ die Entscheidung d_2 und für $Z_1 = z_2$ die Entscheidung d_1 vor.

Analog erhalten wir aus (7.8) für $n = 0$:

$$K_0(2, 1) = \min \left\{ 1 + \frac{1}{2} K_1(2, 1) + \frac{1}{2} K_1(2, 2), \right.$$

$$\left. \frac{1}{4} K_1(2, 1) + \frac{3}{4} K_1(2, 2) \right\}$$

$$= \min \left\{ \frac{37}{12}, \frac{19}{8} \right\} = \frac{19}{8},$$

$$K_0(2, 2) = \min \left\{ 2 + \frac{2}{3} K_1(2, 1) + \frac{1}{3} K_1(2, 2), \right.$$

$$\left. 3 + \frac{1}{3} K_1(2, 1) + \frac{2}{3} K_1(2, 2) \right\}$$

$$= \min \left\{ \frac{35}{9}, \frac{95}{18} \right\} = \frac{35}{9}.$$

Die optimale Strategie R^* hat also in unserem Beispiel eine besonders einfache Struktur: Falls zu den Zeitpunkten $t = 0, 1$ oder 2 der Zustand z_1 vorliegt, ist die Entscheidung d_2 zu treffen, während beim Vorliegen des Zustandes z_2 stets die Entscheidung d_1 zu fällen ist. Die zugehörigen minimalen Verlustkosten betragen $K(2, R^*) = \dfrac{19}{8}$ Einheiten, wenn $Z_0 = z_1$ gilt, und $K(2, R^*) = \dfrac{35}{9}$ Einheiten, wenn $Z_0 = z_2$ gilt.

In diesem Spezialfall ist die optimale Strategie R^* stationär, d. h. von der Zeit unabhängig. Man überzeugt sich jedoch leicht davon, daß unter sonst gleichen Voraussetzungen wie oben bei Wahl von $c_1(2) = 3$ und $c_2(2) = 1$ die zugehörige optimale Strategie nicht stationär ist.

7.1.4.   *Anwendung linearer Optimierung*

Wir setzen nun eine unbeschränkte Betriebszeit des Systems voraus, interessieren uns also für den zeitlichen Ablauf des Markoffschen Entscheidungsprozesses auf der gesamten positiven Halbachse $[0, \infty)$. Unser Ziel besteht in der Minimierung der durch (7.5) gegebenen mittleren Kosten je Zeiteinheit durch eine optimale Entscheidungsstrategie R^*, d. h., wir suchen eine Strategie R^*, die der Bedingung

$$K(R^*) = \inf_{R} K(R)$$

genügt. Dabei könen wir uns o. B. d. A. auf die Betrachtung stationärer (zeitunabhängiger) Entscheidungsstrategien $R = \{r_{ik}\}$ beschränken [31]. Die Folge der Zustände $\{Z_k\}$ bildet in diesem Fall eine homogene diskrete Markoffsche Kette, deren Übergangswahrscheinlichkeiten p_{ij} durch

$$p_{ij} = \sum_{k=1}^{K} r_{ik}\, q_{ij}(k), \quad i, j = 1, 2, \ldots, N, \qquad (7.10)$$

gegeben sind. Wir setzen ferner voraus, daß die Markoffsche Kette $\{Z_t\}$ für alle stationären Enstcheidungsstrate-
gien R irreduzibel ist, der Zustandsraum $\{z_1, z_3, \ldots, z_N\}$
also nur aus wesentlichen Zuständen besteht, die alle
zu einer Klasse gehören (mit anderen Worten: Jeder
Zustand ist aus jedem anderen erreichbar).

Zur Ableitung eines Ausdrucks für $K(R)$, der eine numerische Auswertung erlaubt, benötigen wir folgendes Resul-
tat aus der Theorie der Markoffschen Prozesse (zum
Beweis siehe Chung [24]):

Lemma: *Es sei $\{p_{ij}\}$ die Übergangsmatrix einer irreduziblen homogenen diskreten Markoffschen Kette $\{X_t,
t = 0, 1, 2, \ldots\}$ mit dem Phasenraum $\{1, 2, \ldots, N\}$ und
der stationären Anfangsverteilung $\{\pi_i, \; i = 1, 2, \ldots, N\}$,
d. h., die π_j sind die eindeutigen Lösungen des Gleichungssystems*

$$\pi_j - \sum_{i=1}^{N} \pi_i p_{ij} = 0, \;\; j = 1, 2, \ldots, N, \qquad (7.11)$$

$$\sum_{i=1}^{N} \pi_i = 1$$

*und erfüllen überdies die Bedingungen $\pi_j > 0, j = 1, 2, \ldots,
N$. Ferner sei $f(i)$ eine auf dem Phasenraum definierte und
dort beschränkte Funktion.*

Dann gilt

$$\lim_{T \to \infty} \frac{1}{T} \sum_{t=0}^{T} \mathsf{E}[f(X_t)] = \sum_{i=1}^{N} \pi_i f(i). \qquad (7.12)$$

Dieses Lemma ist unmittelbar auf die vorliegende Situation anwendbar, wenn wir für eine Strategie $R = \{r_{ik}\}$
die Funktion $f(i)$ durch

$$f(i) = \sum_{k=1}^{K} r_{ik} c_i(k), \;\; i = 1, 2, \ldots, N,$$

definieren. Dann ist $K(R)$ durch (7.12) gegeben, wobei
die stationäre Anfangsverteilung $\{\pi_i\}$, $\pi_i = \pi_i(R)$, zu der
durch (7.10) gegebenen Übergangsmatrix $\{p_{ij}\}$ gehört.

Wir haben also

$$K(R) = \sum_{i=1}^{N} \sum_{k=1}^{K} \pi_i(R)\, r_{ik}\, c_i(k). \qquad (7.13)$$

Wir setzen jetzt $X_{ik} := \pi_i\, r_{ik}$. Unter Berücksichtigung von (7.11) und (7.13) haben wir damit das Problem der Bestimmung einer bzgl. $K(R)$ optimalen Entscheidungsstrategie $R = R^*$ auf die Lösung folgender Aufgabe der linearen Optimierung zurückgeführt:

Zielfunktion:

$$K(R) = \sum_{i=1}^{N} \sum_{k=1}^{K} c_i(k)\, x_{ik} \to \min.$$

Nebenbedingungen:

$$x_{ik} \geqq 0; \quad i = 1, 2, \ldots, N; \quad k = 1, 2, \ldots, K.$$

$$\sum_{k=1}^{K} x_{jk} - \sum_{i=1}^{N} \sum_{k=1}^{K} q_{ij}(k)\, x_{ik} = 0, \quad j = 1, 2, \ldots, N. \qquad (7.14)$$

$$\sum_{i=1}^{N} \sum_{k=1}^{K} x_{ik} = 1.$$

Auf Grund von $\pi_i = \sum\limits_{k=1}^{K} x_{ik} > 0, i = 1, 2, \ldots, N$, gelangen wir über die Transformation

$$r_{ik} = \frac{x_{ik}}{\sum\limits_{i=1}^{K} x_{ik}}, \quad i = 1, 2, \ldots, N, \quad k = 1, 2, \ldots, K, \qquad (7.15)$$

von einer Lösung $\{x_{ik}^*\}$ dieses Optimierungsproblems zu einer optimalen Entscheidungsstrategie $R^* = \{r_{ik}^*\}$.

Ein weiteres Verfahren zur Berechnung einer bzgl. $K(R)$ optimalen Entscheidungsstrategie R^*, auf das hier jedoch nicht eingegangen wird, wurde von HOWARD [57] entwickelt. Es handelt sich hierbei um ein Iterationsverfahren, das nach endlich vielen Schritten zur optimalen Strategie R^* führt.

7.2.   Markoffsche Erneuerungsmodelle

7.2.1.   Erneuerung bei kontinuierlicher Inspektion

Ein System wird zum Zeitpunkt $t = 0$ in Betrieb genommen. Während seiner Betriebszeit kann es die Zustände $1, 2, \ldots, N$ durchlaufen. Nach dem Ausfall des Systems wird es durch ein statistisch äquivalentes ersetzt. Dabei vereinbaren wir, einem ausgefallenen System den Zustand N zuzuordnen, während sich ein neues System zum Zeitpunkt seiner Inbetriebnahme im Zustand 1 befindet. Die Zustände des Systems werden zu allen diskreten Zeitpunkten $t = 0, 1, 2, \ldots$ beobachtet. Dementsprechend wird das System, wenn es sich zur Zeit t im Zustand N befindet, also ausgefallen ist, in der nächsten Zeiteinheit erneuert, so daß zum Zeitpunkt $t + 1$ der Zustand 1 vorliegt. Die Möglichkeit des Überganges von einem Zustand $i = 2, 3, \ldots, N - 1$ in den Zustand 1 schließen wir aus. Wir bezeichnen mit X_t den Zustand des Systems zur Zeit t und setzen voraus, daß die Folge der beobachteten Zustände $\{X_t, t = 0, 1, 2, \ldots\}$ eine irreduzible homogene Markoffsche Kette mit den Übergangswahrscheinlichkeiten p_{ij} bildet. Die p_{ij} erfüllen die bekannten Bedingungen

$$p_{ij} \geqq 0, \quad i, j = 1, 2, \ldots, N,$$

$$\sum_{j=1}^{N} p_{ij} = 1, \quad i = 1, 2, \ldots, N.$$

Ferner gelten auf Grund unserer Vereinbarungen $p_{N1} = 1$ und $p_{i1} = 0$, $i = 2, 3, \ldots, N - 1$.

Wir nennen die p_{ij} die natürlichen Übergangswahrscheinlichkeiten des Systems. Es ist jedoch möglich, durch Vorgabe einer Erneuerungsstrategie S, das System auch vor dem Erreichen des Zustandes N, also beim Vorliegen eines der Zustände $2, 3, \ldots, N - 1$, zu erneuern, so daß

11*

zum nächsten Beobachtungszeitpunkt der Zustand 1 vorliegt. Wir können also S als eine Teilmenge des Phasenraumes $\{1, 2, \ldots, N\}$ der MARKOFFschen Kette $\{X_t\}$ auffassen, $1 \notin S$. Die Erneuerungsvorschrift ist damit die folgende: Gehört der beobachtete Zustand des Systems zur Menge S, dann wird das System erneuert. Bei Anwendung der Erneuerungsstrategie S sind daher die neuen Übergangswahrscheinlichkeiten des Systems durch

$$p_{ij}(S) = p_{ij} \text{ für } i \notin S,$$

$$p_{i1}(S) = 1 \text{ für } i \in S, \qquad\qquad (7.16)$$

$$p_{ij}(S) = 0 \text{ für } i \in S \text{ und } j \neq 1$$

gegeben.

Die Übergangswahrscheinlichkeiten $p_{ij}(S)$ definieren für jedes S, $S \neq \{N\}$, eine neue, von $\{X_t\}$ verschiedene, homogene diskrete MARKOFFsche Kette, die wir mit $\{Z_t,\ t = 0, 1, 2, \ldots\}$ bezeichnen. Auf Grund der vorausgesetzten Irreduzibilität von $\{X_t\}$ ist für jede Erneuerungsstrategie S auch die MARKOFFsche Kette $\{Z_t\}$ irreduzibel. Jede Erneuerungsstrategie läßt sich ferner als stationäre, deterministische Entscheidungsstrategie R im Sinne von Abschnitt 7.1.1 interpretieren. Dazu definieren wir den Entscheidungsraum $\{d_1, d_2\}$ auf die folgende Weise:

$$d_1: \text{System wird nicht erneuert,}$$
$$d_2: \text{System wird erneuert.}$$

Die entsprechende Entscheidungsstrategie
$R = \{r_{ik};\ i = 1, 2, \ldots, N;\ k = 1, 2\}$ ist dann durch

$$r_{i1} = 1 \text{ für } i \notin S,$$

$$r_{i2} = 1 \text{ für } i \in S \text{ und} \qquad\qquad (7.17)$$

$$r_{ik} = 0 \text{ sonst}$$

gegeben. Daher ist neben der Folge $\{Z_t\}$ der Zustände des Systems auch eine Folge $\{D_t,\ t = 0, 1, \ldots\}$ von Entscheidungen definiert ($D_t = d_1$ oder d_2), die jedoch auf Grund der Determiniertheit der Entscheidungsstrategie durch die Folge $\{Z_t\}$ bereits eindeutig bestimmt ist.

Insgesamt resultiert aus diesen Überlegungen, daß die von uns beschriebene Situation der Erneuerung eines Systems mit Markoffscher Alterung für jede Erneuerungsstrategie S analytisch durch einen Markoffschen Entscheidungsprozeß beschrieben werden kann, dessen Entscheidungsstrategie $R = \{r_{ik}\}$ durch (7.17) gegeben sind und dessen bedingten Übergangswahrscheinlichkeiten $q_{ij}(k)$ die folgende Struktur haben:

$$q_{ij}(1) = p_{ij} \quad \text{für} \quad i \notin S,$$

$$q_{i1}(2) = 1 \quad \text{für} \quad i \in S,$$

$$q_{ij}(2) = 0 \quad \text{für} \quad i \in S \quad \text{und} \quad j \neq 1.$$

Damit sind wir in der Lage, die Ergebnisse des Abschnitts 7.1 bei der Analyse der vorliegenden Situation anzuwenden. Dazu setzen wir voraus, daß je Beobachtungszeitpunkt $z = 0, 1, 2, \ldots$ in Abhängigkeit vom jeweils beobachteten Zustand i die Verlustkosten $c_i(S)$ auftreten (auf die die explizite Kennzeichnung der Abhängigkeit dieser Kosten von der jeweils getroffenen Entscheidung kann verzichtet werden, da diese bei gegebenen S durch den Zustand bereits eindeutig bestimmt ist).

Wir wählen für $c_i(S)$ folgenden Ansatz

$$c_i(S) = \begin{cases} a_i, & i \notin S, \\ c + a_i, & i \in S. \end{cases}$$

Damit haben wir gemäß (7.13) bei Anwendung der Erneuerungsstrategie S die durchschnittlichen Verlustkosten je Zeiteinheit

$$K(S) = c \sum_{i \in S} \pi_i(S) + \sum_{i=1}^{N} \pi_i(S)\, a_i.$$

Hierbei ist $\{\pi_i(S), \ i = 1, 2, \ldots, N\}$ Lösung von (7.11), wobei die p_{ij} durch (7.16) gegeben sind. Um das Problem der Bestimmung einer optimalen Erneuerungsstrategie analog zu (7.14) als lineares Optimierungsproblem zu formulieren, ersetzen wir die Erneuerungsstrategie S durch die gemäß (7.17) eindeutig zugeordnete Entscheidungsstrategie $\{r_{ik};\ i = 1, 2, \ldots, N;\ k = 1, 2\}$.

Mit der Bezeichnung $x_{ik} := r_{ik}\pi_i$ ($x_{N1} = 0$; wegen $1 \notin S$ gilt $x_{12} = 0$) ist damit das Problem der Bestimmung einer optimalen Erneuerungsstrategie S dem folgenden äquivalent:

Zielfunktion:

$$\sum_{j=2}^{N} (c + a_j)\, x_{j2} + \sum_{j=1}^{N-1} a_j x_{j1} \to \min.$$

Nebenbedingungen:

$$x_{11} - \sum_{j=2}^{N} x_{j2} = 0$$

$$x_{j1} + x_{j2} - \sum_{i=1}^{N-1} x_{i1}p_{ij} = 0, \quad j = 2, 3, \ldots, N-1$$

$$x_{N2} - \sum_{i=1}^{N-1} x_{i1}p_{iN} = 0$$

$$x_{11} + \sum_{i=2}^{N-1} (x_{i1} + x_{i2}) + x_{N2} = 1$$

$$x_{ik} \geq 0.$$

Wir haben bereits erwähnt, daß wir uns beim Problem der Minimierung der durchschnittlichen Verlustkosten je Zeiteinheit o. B. d. A. auf die Betrachtung stationärer, deterministischer Entscheidungsstrategien beschränken können, so daß eine bzgl. $K(S)$ optimale Erneuerungsstrategie prinzipiell durch vollständige Enumeration ermittelt werden kann (offenbar gibt es im vorliegenden Problem 2^{N-1} Erneuerungsstrategien, die dann zu vergleichen wären). Die Lösung des linearen Optimierungsproblems mit einem der bekannten Verfahren (etwa Simplexalgorithmus) ist jedoch i. a. numerisch effektiver. In einem Fall aber, wenn nämlich bekannt ist, daß die optimale

Strategie zu der von Derman [29] eingeführten Klasse der Strategien vom Typ $S(n)$ bzw. damit gleichbedeutend zur Klasse der „control limit“ — Erneuerungsstrategien gehört, kann die vollständige Enumeration aller Strategien dieser Klasse auch für große N ein brauchbares numerisches Verfahren zur Berechnung einer optimalen Strategie darstellen. Dabei bezeichnen wir mit $S(n)$ folgende Strategie:

$$S(n) = \{n, n + 1, \ldots, N\}, \quad n = 1, 2, \ldots, N.$$

Bei Anwendung der Strategie $S(n)$ wird also das System genau dann erneuert, wenn der Zustand des Systems die Schranke (control limit) n erreicht oder überschreitet. Insbesondere schreibt die Strategie $S(N)$ Erneuerungen des Systems nur nach Versagern vor. Von der Anschauung her erwarten wir, daß eine Strategie vom Typ $S(n)$ optimal ist, wenn größere den Zuständen zugeordnete Zahlenwerte i auf einen größeren Verschleißgrad des Systems hinweisen. In diesem Sinne sind die im folgenden Satz angegebenen Bedingungen zu verstehen, die uns die Optimalität einer Erneuerungsstrategie vom Typ $S(n)$ sichern.

Satz 7.2: *Es gelte $a_1 \leqq a_2 \leqq \cdots \leqq a_N$, und für jedes $v = 1, 2, \ldots, N$ sei die Funktion*

$$w_r(i) := \sum_{j=v}^{N} p_{ij}$$

nichtfallend in i, $i = 1, 2, \ldots, N - 1$. Dann existiert eine optimale Erneuerungsstrategie vom Typ $S(n)$.

Um den Beweis dieses Satzes anzudeuten, definieren wir für $0 < \alpha < 1$ die diskontierten Verlustkosten

$$K(S, \alpha, i) = \mathsf{E}_S\left[\sum_{t=0}^{\infty} \alpha^t K_S(Z_t) \mid Z_0 = i\right].$$

Ferner sei

$$K(\alpha, i) = \inf_S K(S, \alpha, i), \quad i = 1, 2, \ldots, N.$$

Die Anwendung des Prinzips der dynamischen Optimierung liefert folgende Funktionalgleichung:

$$K(\alpha, i) = \min \left\{ a_i + \alpha \sum_{j=1}^{N} p_{ij} K(\alpha, j), c + a_i \right.$$

$$\left. + \alpha \sum_{j=1}^{N} p_{1j} K(\alpha, 1) \right\}, \quad i \neq N$$

$$K(\alpha, N) = c + a_N + \alpha \sum_{j=1}^{N} p_{1j} K(\alpha, 1).$$

Ein Beweis des Satzes kann vermittels dieser Funktionalgleichung und unter Berücksichtigung von (7.7) wie bei DERMAN [29] erfolgen (vgl. auch KOLESAR [73]).

7.2.2.   *Erneuerung bei diskontinuierlicher Inspektion*

Wir betrachten wiederum ein System mit MARKOFFscher Alterung, das zu den Zeitpunkten $t = 0, 1, 2, \ldots$ die Zustände X_0, X_1, X_2, $\ldots$ annimmt, wobei die Folge $\{X_t, t = 0, 1, 2, \ldots\}$ eine irreduzible homogene MARKOFFsche Kette mit dem Phasenraum $\{1, 2, \ldots, M\}$ und den Übergangswahrscheinlichkeiten p_{ij}, $p_{iM} > 0$ für jedes i, bildet. Wie früher deuten wir 1 als den Zustand bei Inbetriebnahme des Systems, während M den Ausfall des Systems anzeigt. Im Unterschied zum vorangegangenen Abschnitt wird das System jedoch nicht zu allen Zeitpunkten $0, 1, 2, \ldots$ beobachtet, sondern es wird sein Zustand nur zu ausgewählten Inspektionszeitpunkten registriert. In Abhängigkeit vom jeweils ermittelten Zustand des Systems wird dann durch spezielle Entscheidungsstrategien eine Entscheidung über die Erneuerung des Systems und über den Zeitpunkt der nächsten Inspektion gefällt. Neben einer vollständigen Erneuerung des Systems (d. h. Überführung in den Zustand 1) werden wir jetzt im Rahmen einer Entscheidungsstrategie auch die Überführung des Systems von einem beliebigen Zu-

stand i in einen beliebigen Zustand j zulassen; es besteht
also die Möglichkeit, über den „Grad" der Erneuerung
des Systems zu entscheiden. Die Erneuerungen werden
jeweils an den betreffenden Inspektionszeitpunkten in
vernachlässigbar kleiner Zeit durchgeführt. Da der
Zustand des Systems nicht zu jedem Zeitpunkt bekannt
ist, werden jetzt Verluste auftreten, die durch nichtentdeckten Ausfall des Systems anfallen. Um diesen
Effekt berücksichtigen zu können, setzen wir $p_{MM} = 1$
voraus. Die Erneuerung des ausgefallenen Systems muß
also jetzt, im Gegensatz zum Modell des vorangegangenen
Abschnitts, durch die Entscheidungsstrategie vorge-
schrieben werden. Wir vereinbaren, das System spätestens
nach $N - M + 1$ Zeiteinheiten, $N = M, M + 1, ..., N$,
zu inspizieren.

Das Ziel besteht zunächst in der Einführung eines
dem Modell angepaßten Markoffschen Entscheidungsprozesses. Als Zustandsraum nehmen wir die Menge
$\{1, 2, ..., N\}$, wobei die Zustände $1, 2, ..., M$ den Phasenraum der Markoffschen Kette $\{X_t\}$ bilden, während die
Zustände $M + 1, M + 2, ..., N$ folgende Bedeutung haben: Es liegt der Zustand $M + j$, $1 \leqq j \leqq N - M$, vor,
wenn sich das System bereits j Zeiteinheiten im Zustand M
befindet, also schon j Zeiteinheiten vor der betreffenden
Inspektion, bei der der Versager des Systems festgestellt
wird, ausgefallen ist. Wir bezeichnen ferner mit d_{km}
die Entscheidung, das System in den Zustand k zu über-
führen und die nächste Inspektion nach m Zeiteinheiten
vorzunehmen. Der Entscheidungsraum ist damit durch
$\{d_{km}; \; k = 1, 2, ..., M - 1; \; m = 1, 2, ..., N - M + 1\}$
gegeben. Überführungen des Systems in die Zustände
$M, M + 1, ..., N$ sind unmöglich bzw. werden als unmöglich vorausgesetzt. Der gesuchte Markoffsche Entscheidungsprozeß ist durch $\{(Z_\tau, D_\tau), \tau = 1, 2, ...\}$ gegeben, wobei wir mit Z_τ den Zustand des Systems zum Zeitpunkt der τ-ten Inspektion (vor einer eventuell vorge-
nommenen Zustandsänderung) und mit D_τ die zur τ-ten
Inspektion getroffene Entscheidung bezeichnen.

Wir setzen analog zu (7.2)

$$r_{i;km} := \mathsf{P}(D_\tau = d_{km} \mid Z_\tau = i),$$

$$\sum_{k=1}^{M-1} \sum_{m=1}^{N-M+1} r_{i;km} = 1, \quad i = 1, 2, \ldots, N.$$

Die Gesamtheit aller Folgen $\{r_{i;km}\}$ bildet den Raum der Entscheidungsstrategien. Wie früher können wir uns o. B. d. A. auf die Betrachtung stationärer (und darüber hinaus sogar deterministischer) Entscheidungsstrategien beschränken. Die gemäß (7.1) gebildeten bedingten Übergangswahrscheinlichkeiten der irreduziblen MARKOFFschen Kette $\{Z_\tau\}$ haben folgende Gestalt:

$$q_{ij}(km) = \begin{cases} p_{kj}^{(m)}, & j = 1, 2, \ldots, M - 1, \\ f_{kM}^{(m+M-j)}, & j = M, M + 1, \ldots, m + M - 1, \\ 0, & \text{sonst}. \end{cases}$$

Hierbei sind die $p_{kj}^{(m)}$ die m-stufigen Übergangswahrscheinlichkeiten der MARKOFFschen Kette $\{X_t\}$, d. h., es ist

$$p_{kj}^{(m)} = \mathsf{P}(X_{t+m} = j \mid X_t = k), \quad t = 0, 1, 2, \ldots,$$

und mit $f_{kj}^{(n)}$ bezeichnen wir die Wahrscheinlichkeit dafür, daß die MARKOFFsche Kette $\{X_t\}$, ausgehend vom Zustand k, den Zustand j erstmals nach n Zeiteinheiten erreicht:

$$f_{kj}^{(n)} = \mathsf{P}(X_{t+n} = j \mid X_t = k, \ X_{t+1} \neq j, \ldots, X_{t+n-1} \neq j),$$

$$t = 0, 1, 2, \ldots.$$

Die $p_{kj}^{(m)}$ errechnen sich rekursiv aus den CHAPMAN-KOLMOGOROFF*schen Gleichungen*

$$p_{kj}^{(m)} = \sum_{i=1}^{M} p_{ki}^{(m-1)} p_{ij}, \quad m \geq 2,$$

$$p_{kj}^{(1)} = p_{kj},$$

während die $f_{km}^{(n)}$ wegen $p_{MM} = 1$ durch

$$f_{kM}^{(n)} = \sum_{i=1}^{M-1} p_{ki}^{(n-1)} \, p_{iM}, \quad n \geq 2,$$

$$f_{kM}^{(1)} = p_{kM}$$

gegeben sind. Die Gültigkeit von $\sum\limits_{j=1}^{N} q_{ij}(km) = 1$ folgt

aus $\sum\limits_{j=1}^{N} q_{ij}(km) = \sum\limits_{j=1}^{M-1} p_{kj}^{(m)} + \sum\limits_{j=1}^{m}{}' f_{kM}^{(j)} = \sum\limits_{j=1}^{M} p_{kj}^{(m)} = 1$, wobei

$p_{kM}^{(m)} = \sum\limits_{j=1}^{m} f_{kM}^{(j)}$ auf Grund der Voraussetzung $p_{MM} = 1$

gilt. Nach der Beschreibung der stochastischen Gesetzmäßigkeiten, die den Betriebsprozeß des Systems steuern, führen wir nun die mit ihm verbundenen Kosten ein. Eine Inspektion möge beim Vorliegen des Zustandes i, $i = 1, 2, \ldots, N$, die Kosten a_i verursachen. Ferner seien c_{ik} die Kosten, die anfallen, wenn auf Grund einer getroffenen Entscheidung das System vom Zustand i in den Zustand k überführt wird, $i = 1, 2, \ldots, N; \ k = 1, 2, \ldots, M - 1$. Insbesondere enthalten also die Kosten c_{ik} für $i > M$ die Verlustkosten, die durch den Stillstand des Systems von $i - M$ Zeiteinheiten entstehen.[1]) Mit den Bezeichnungen des Abschnitts 7.1.2 haben wir also für alle $m = 1, 2, \ldots, N - M + 1$

$$c_i(k) = a_i + c_{ik}.$$

Als Optimalitätskriterium wählen wir wieder die bei Anwendung einer Strategie $R = \{r_{i;km}\}$ anfallenden durchschnittlichen Verlustkosten $K(R)$ je Zeiteinheit (wie üblich wird eine unbeschränkte Betriebszeit des Systems vorausgesetzt).

---

[1]) Eine detailliertere Aufspaltung der anfallenden Kosten nahm Klein [72] im Rahmen der auf ihn zurückgehenden ursprünglichen Fassung des Modells vor.

$K(R)$ ist durch

$$K(R) = \frac{I(R)}{L(R)} \qquad (7.18)$$

gegeben, wobei wir mit $I(R)$ den Erwartungswert der mit einer Inspektion verbundenen Verlustkosten und mit $L(R)$ den Erwartungswert des Abstandes zwischen zwei benachbarten Inspektionen bezeichnen. Auf einen Beweis dieses anschaulich klaren Sachverhaltes verzichten wir (s. dazu [31]), da (7.18) auch ohne diese Interpretation ein sinnvolles Optimalitätskriterium darstellt. Wir bezeichnen mit $\{\pi_j(R),\ j = 1, 2, \ldots, N\}$ die zu der irreduziblen MARKOFFschen Kette $\{Z_\tau\}$ gehörige stationäre Anfangsverteilung. Gemäß (7.13) gilt dann

$$I(R) = \sum_{i=1}^{N} \sum_{k=1}^{M-1} \sum_{m=1}^{N-M+1} (a_i + c_{ik})\, \pi_i(R)\, r_{i;km}.$$

Unter der Bedingung, daß bei einer Inspektion der Zustand i ermittelt wurde, beträgt der mittlere Abstand bis zur folgenden Inspektion $\sum_{m=1}^{N-M+1} \sum_{k=1}^{M-1} m\, r_{i;km}$ Zeiteinheiten. Daher haben wir

$$L(R) = \sum_{i=1}^{M} \sum_{k=1}^{M-1} \sum_{m=1}^{N-M+1} m\, \pi_i(R)\, r_{i;km}.$$

Unter Berücksichtigung von (7.15) führt somit das Problem der Bestimmung einer bzgl. $K(R)$ optimalen Entscheidungsstrategie auf folgendes Optimierungsproblem, $x_{i;km} := \pi_i(R)\, r_{i;km}$:

Zielfunktion:

$$\frac{\sum_i \sum_k \sum_m (a_i + c_{ij})\, x_{i;km}}{\sum_i \sum_k \sum_m m\, x_{i;km}} \to \min.$$

Nebenbedingungen:

$$x_{i;km} \geqq 0 \quad \text{für alle } i, k \text{ und } m,$$

$$\sum_k \sum_m x_{j;km} - \sum_i \sum_k \sum_m q_{ij}(km)\, x_{i;km} = 0$$

$$\sum_i \sum_k \sum_m x_{i;km} = 1.$$

Falls $\{x_{i;km}^*\}$ eine Lösung dieses Optimierungsproblems ist, dann ist gemäß (7.15) die durch

$$r_{i;km}^* = \frac{x_{i;km}^*}{\sum_j \sum_m x_{i;jm}^*}$$

gegebene Entscheidungsstrategie $R^* = \{r_{i;km}^*\}$ bzgl. $K(R)$ optimal.

Das so formulierte Optimierungsproblem ist nicht mehr linear. Es kann aber, da die Zielfunktion als Quotient zweier linearer Funktionen erscheint und der Nenner stets positiv ist, auf ein solches zurückgeführt werden. Wenn wir nämlich eine Zielfunktion der Gestalt

$$\frac{\sum\limits_{i=1}^{n} c_i x_i}{\sum\limits_{i=1}^{n} d_i x_i}$$

bzgl. der Nebenbedingungen

$$x_i \geqq 0, \quad i = 1, 2, \ldots, n$$

$$\sum_{i=1}^{n} b_{ij} x_j = 0, \quad j = 1, 2, \ldots, m$$

$$\sum_{i=1}^{n} x_i = 1$$

zu minimieren haben, wobei stets $\sum\limits_{i=1}^{n} d_i x_i > 0$ gilt, führen

wir neue Veränderliche z_1, z_2, ..., z_{n+1} auf die folgende
Art und Weise ein:

$$z_i := \frac{x_i}{\sum\limits_{j=1}^{n} d_j x_j}\,,\ i = 1, 2, ..., n;\ \ z_{n+1} := \frac{1}{\sum\limits_{j=1}^{n} d_j x_j}\,.$$

Dann ist das ursprüngliche nichtlineare Optimierungsproblem in den x_i dem folgenden linearen Optimierungsproblem in den z_i äquivalent: Die Zielfunktion

$$\sum_{i=1}^{n}{}' c_i z_i$$

ist zu minimieren bzgl. der Nebenbedingungen

$$z_i \geqq 0,\ \ i = 1, 2, ..., n + 1$$

$$\sum_{j=1}^{n} b_{ij} z_j = 0,\ \ i = 1, 2, ..., m$$

$$\sum_{i=1}^{n} z_i - z_{n+1} = 0$$

$$\sum_{i=1}^{n} d_i z_i = 1\,.$$

Falls $\{z_i{}^*,\ i = 1, 2, ..., n + 1\}$ eine Lösung dieses Optimierungsproblems ist, dann erhalten wir eine Lösung
$\{x_i{}^*\}$ des ursprünglichen Problems durch $x_i{}^* = z_i{}^* z_{n+1}^*$,
$i = 1, 2, ..., n$. Insbesondere ergibt sich durch Anwendung
dieses Sachverhaltes auf unser Ausgangsproblem bei
entsprechender Übertragung der Bezeichnungsweise:

$$r_{i;km}^* = \frac{z_{i;jm}^*}{\sum\limits_{j} \sum\limits_{m} z_{i;km}^*}\,.$$

7.2.3. *Inspektion eines komplexen Systems*

Ein System besteht aus N, u. U. territorial voneinander getrennten Elementen $e_1, e_2, \ldots, e_N$. Um die Funktionstüchtigkeit der Elemente zu überprüfen, werden sie von Zeit zu Zeit inspiziert. Wir setzen voraus, daß nur eine Bedienungseinheit vorhanden ist und somit mehrere Elemente nicht gleichzeitig inspiziert werden können. Die Kosten für die Inspektion des Elements e_i betragen a_i Einheiten, und es entstehen die „Übergangskosten" c_{ij}, wenn nach e_i das Element e_j inspiziert wird. Entsprechend interpretieren wir die Zeiten b_i und s_{ij}; $i, j = 1, 2, \ldots, N$. Das Problem besteht in der Festlegung einer solchen Reihenfolge der Inspektion der Elemente, die bei unbeschränkter Fortsetzung dieses Prozesses minimale mittlere Verlustkosten je Zeiteinheit liefert. Das so formulierte Problem entspricht offenbar dem bekannten „*Rundreiseproblem*" bzw. "*traveling salesman's problem*". Wir behandeln hier jedoch eine stochastische Version dieses Problems, da wir die Reihenfolge der zu inspizierenden Elemente durch einen Zufallsmechanismus erzeugen [31, 32].

Dieser Zufallsmechanismus wird durch einen Markoffschen Entscheidungsprozeß mit dem Zustandsraum $\{1, 2, \ldots, N\}$ und dem Entscheidungsraum $\{d_1, d_2, \ldots, d_N\}$ bestimmt. Hierbei bedeutet das Vorliegen des Zustandes i, daß das Element e_i inspiziert wird, während die Entscheidung d_k beinhaltet, von einem (beliebigen) Zustand i in den Zustand k überzugehen. Die bedingten Übergangswahrscheinlichkeiten $q_{ij}(k)$ werden vorgegeben. Den zugehörigen Markoffschen Entscheidungsprozeß bezeichnen wir wie üblich mit $\{(Z_\tau, D_\tau); \tau = 1, 2, \ldots\}$, wobei also Z_τ den bei der τ-ten Inspektion vorliegenden Zustand angibt und D_τ die dort getroffene Entscheidung kennzeichnet. Die $q_{ij}(k)$ wählen wir so, daß für alle stationären Entscheidungsstrategien $R = \{r_{ik}; k = 1, 2, \ldots, N\}$ (andere werden nicht betrachtet), die zugehörige Markoffsche Kette $\{Z_\tau\}$ irreduzibel ist.

Es sei $\{\pi_i(R), i = 1, 2, \ldots, N\}$ die zu einer Entscheidungsstrategie $R = \{r_{ik}\}$ gehörige stationäre Anfangsverteilung der Markoffschen Kette $\{Z_\tau\}$. Dann beträgt wegen (7.13) und $c_i(k) = a_i + c_{ik}$ der Erwartungswert $I(R)$ der je Zyklus anfallenden Kosten (unter einem Zyklus verstehen wir die Zeitspanne vom Beginn einer Inspektion bis zum Beginn der nächsten)

$$I(R) = \sum_{i=1}^{N} \sum_{k=1}^{N} (a_i + c_{ik})\, \pi_i(R)\, r_{ik}.$$

Der Erwartungswert $L(R)$ der Länge eines Zyklus beträgt entsprechend

$$L(R) = \sum_{i=1}^{N} \sum_{k=1}^{N} (b_i + s_{ik})\, \pi_i(R)\, r_{ik}.$$

Die durchschnittlichen Kosten je Zeiteinheit betragen daher — entsprechend dem Vorgehen im vorangegangenen Abschnitt —

$$K(R) = \frac{\displaystyle\sum_{i=1}^{N} \sum_{k=1}^{N} (a_i + c_{ik})\, \pi_i(R)\, r_{ik}}{\displaystyle\sum_{i=1}^{N} \sum_{k=1}^{N} (b_i + s_{ik})\, \pi_i(R)\, r_{ik}}.$$

Die Bestimmung einer bzgl. $K(R)$ optimalen Strategie nur unter Berücksichtigung der aus (7.11) resultierenden Nebenbedingungen kann u. U. zu praktisch nicht akzeptablen Ergebnissen führen. Das liegt darin begründet, daß in diesem Falle diejenigen Elemente, deren Inspektionen am kostenaufwendigsten ist, i. a. nicht häufig genug inspiziert werden. Wir betrachten daher, um solche Fälle auszuschließen, in Zukunft für fixierte π_i, $\sum\limits_{i=l}^{N} \pi_i = 1$, nur solche Entscheidungsstrategien R, die folgenden Bedingungen genügen:

$$\pi_1 = \pi_1(R),\ \ \pi_2 = \pi_2(R),\ \ldots,\ \ \pi_N = \pi_N(R). \tag{7.19}$$

Insbesondere erhalten wir im Falle $\pi_1 = \pi_2 = \cdots = \pi_N$

$$\pi_i = \pi_i(R) = \frac{1}{N}, \quad i = 1, 2, \ldots, N. \qquad (7.20)$$

Der spezielle Ansatz (7.20) scheint naheliegend, ist jedoch nicht in jedem Falle sinnvoll. Wenn z. B. das System aus verschiedenzuverlässigen Elementen besteht, dann ist es zweckmäßig, die wenigzuverlässigen Elemente öfter zu inspizieren als die hochzuverlässigen und dies durch entsprechende Wahl der π_i zu berücksichtigen.

Mit der Bezeichnung $x_{ik} := \pi_i r_{ik}$ führt das Problem der Bestimmung einer bzgl. $K(R)$ optimalen Entscheidungsstrategie unter Berücksichtigung von (7.14) und (7.19) auf das folgende Optimierungsproblem:

Zielfunktion:

$$K(R) = \frac{\sum\limits_{i=1}^{N} \sum\limits_{k=1}^{N} (a_i + c_{ik})\, x_{ik}}{\sum\limits_{i=1}^{N} \sum\limits_{k=1}^{N} (b_i + s_{ik})\, x_{ik}} \to \min.$$

Nebenbedingungen:

$$x_{jk} \geq 0, \quad j, k = 1, 2, \ldots, N$$

$$\sum_{i=1}^{N} \sum_{k=1}^{N} q_{ij}(k)\, x_{ik} = \pi_j,$$
$$\sum_{k=1}^{N} x_{jk} = \pi_j. \qquad j = 1, 2, \ldots, N \qquad (7.21)$$

Dieses nichtlineare Optimierungsproblem läßt sich wie im vorangegangenen Abschnitt auf ein lineares zurückführen. Es sei bemerkt, daß auf Grund der zusätzlichen, auf (7.19) zurückzuführenden Nebenbedingungen, die Menge der zuverlässigen Vektoren $\{x_{ik}\}$ dieses Problems leer sein kann. Dabei heißt ein Vektor $\{x_{ik}, i, k = 1, 2, \ldots, N\}$ *zulässig*, wenn er die Nebenbedingungen (7.21) erfüllt. Insbesondere existiert also nicht in jedem Fall eine deterministische optimale Strategie. Wir illustrieren diesen Sachverhalt an dem

Beispiel 7.2: Es sei für $0 < \varepsilon < 1$

$$q_{ij}(k) = \begin{cases} 1 - \varepsilon & \text{für } k = j \\[2mm] \dfrac{\varepsilon}{N - 1} & \text{für } k \neq j \end{cases} \qquad i, j, k = 1, 2, \ldots, N.$$

Um die Irreduzibilität der MARKOFFschen Kette $\{Z_\tau\}$ für alle stationären Entscheidungsstrategien zu sichern, ist es notwendig, $\varepsilon > 0$ vorauszusetzen (ansonsten wird man sich i.a. ε als hinreichend kleine Zahl vorstellen). Wir haben

$$\sum_{i=1}^{N} \sum_{k=1}^{N} q_{ij}(k)\, x_{ik} = (1 - \varepsilon) \sum_{i=1}^{N} x_{ij} + \frac{\varepsilon}{N - 1} \sum_{i=1}^{N} \sum_{k \neq j} x_{ik}$$

$$= (1 - \varepsilon) \sum_{i=1}^{N} x_{ij} + \frac{\varepsilon}{N - 1} \sum_{i=1}^{N} (\pi_i - x_{ij})$$

$$= \left(1 - \varepsilon - \frac{\varepsilon}{N - 1}\right) \sum_{i=1}^{N} x_{ij} + \frac{\varepsilon}{N - 1}.$$

Daher haben die Nebenbedingungen (7.21) in unserem Beispiel die spezielle Gestalt

$$x_{jk} \geqq 0, \quad j, k = 1, 2, \ldots, N,$$

$$\sum_{i=1}^{N} x_{ij} = \frac{\pi_j(N - 1) - \varepsilon}{(1 - \varepsilon)\, N - 1}, \quad j = 1, 2, \ldots, N,$$

$$\sum_{k=1}^{N} x_{jk} = \pi_j, \qquad\qquad j = 1, 2, \ldots, N.$$

Man überzeugt sich leicht davon, daß unter der Voraussetzung $\pi_i = \dfrac{1}{N}$, $i = 1, 2, \ldots, N$, für alle $\varepsilon \geqq 0$ nur ein zulässiger Vektor, nämlich

$$x_{ik} = \frac{1}{N^2}; \quad i, k = 1, 2, \ldots, N,$$

existiert, der damit gleichzeitig Lösung des Optimierungsproblems ist.

Literaturverzeichnis

[1] BARLOW, R. E.: Bounds on integrals with applications to
reliability problems, Ann. Math. Stat. **36** (1965) 2, 565—574
[2] BARLOW, R. E., HUNTER, L. C.: Optimum preventive
maintenance policies, Journ. Oper. Res. Soc. Am. **8** (1960)
1, 90—100
[3] BARLOW, R. E., HUNTER, L. C., PROSCHAN, F.: Optimum
checking procedures, Journ. Soc. Ind. Appl. Math. **4**
(1963), 1078—1095
[4] BARLOW, R. E., MARSHALL, A. W.: Bounds for distributions
with monotone hazard rate I, II, Ann. Math. Stat. **35**
(1964) 3, 1234—1274
[5] BARLOW, R. E., MARSHALL, A. W., PROSHAN, F.: Properties
of probability distributions with monotone hazard rate,
Ann. Math. Stat. **34** (1963) 2, 375—389
[6] BARLOW, R. E., PROSCHAN, F.: Planned replacement in:
Studies in Appl. Prob. and Managm. Science (ed.: Arrow,
Karlin, Scarf), Stanford Univ. Press, Stanford, Calif.
1962
[7] BARLOW, R. E., PROSCHAN, F.: Comparision of replacement
policies and renewal theory implications, Ann. Math. Stat.
35 (1964) 2, 577—589
[8] BARLOW, R. E., PROSCHAN, F.: The mathematical theory
of reliability, J. Wiley & Sons, Inc., New York—London—
Sydney 1965
[9] BARZILOVIČ, E. JU., VOSKOBOEV, V. F.: O Markovskych
zadačach profilaktiki starejušcich sistem, Avtomatika i
Telemechanika **12** (1967) 88—112
[10] BARZILOVIČ, E. JU., VOSKOBOEV, V. F.: Organizacija profilaktiki techničeskich kompleksov s učetom ograničenij
na sredstva obsluživanija, Sbornik „Teorija nadežnosti i

massovoe obsluživanie", 135—146, izd. „Nauka", Moskva 1969

[11] Barzilovič, E. Ju., Kaštanov, V. A.: Nekotorye matematičeskie voprosy teorii obsluživanija složnych sistem, Izd. „Sovetskoe radio", Moskva 1971

[12] Barzilovič, E. Ju., Kaštanov, V. A., Kovalenko, J. N.: O minimaksnych kriterijach v zadačach nadežnosti, Izv. AN SSSR, Techn. kibernetika, N 3, 87—98 (1971)

[13] Bath, B. R.: Used item replacement policy, Journ. Appl. Probability 6 (1969) 309—318

[14] Beichelt, F.: Optimale Inspektion und Erneuerung, Elektr. Informationsverarb. und Kybernetik (EIK) 8, Nr. 5 (1972) 283—290

[15] Beichelt, F.: Optimale Instandhaltung, VEB Verlag Technik, Berlin 1974

[16] Beichelt, F.: Über eine Klasse von Inspektionsmodellen der Zuverlässigkeitstheorie, Math. Operationsf. und Statistik 5, Nr. 3 (1974) 281—297

[17] Beichelt, F.: Problemy niezawodności i odnowy urzadzen' technicznych, Wyd. Naukowo-Techniczne, Warszawa 1974

[18] Beichelt, F.: Minimax checking of replaceable units, Zastos. Mat. Applic. Math. XIV, 4 (1975) 529—535

[19] Beichelt, F.: Minimax inspection strategies for replaceable systems with partial information on lifetime distribution, Math. Operationsf. und Statistik 6 (1975) 5/6, 211—224

[20] Beichelt, F.: Die Verfügbarkeit eines doublierten Systems mit prophylaktischer Erneuerung, Elektr. Informationsverarb. und Kybernetik 12 (1976), Nr. 7, 355—361

[21] Berg, L.: Einführung in die Operatorenrechnung, VEB Deutscher Verlag d. Wiss., Berlin 1968

[22] Blackwell, D.: A renewal theorem, Duke Math. Journ. 15 (1948) 145—150

[23] Brender, D. M.: A surveillance modell for recurrent events, IBM Watson Research Center Report 1963

[24] Chung, K. L.: Markov chains with stationary transition probalibities, Springer-Verlag, Berlin—Göttingen—Heidelberg 1960

[25] Cleroux, R.; Hanscom, M.: Age replacement with adjustment and depreciation costs and interest, Technometrics 16 (1974) 2, 235—241

[26] Cox, D. R.: Renewal theory, Methuen & Co. LTD, London 1962; J. Wiley & Sons, New York 1962

[27] DAWSON, P.: Optimum replacement intervalls for machinery that wears, **6** (1967) 3, 521—525

[28] DENARDO, E. V., Fox, B. L.: Nonoptimality of planned replacement in intervals of decreasing failure rate, Journ. Oper. Res. Soc. Am. **15** (1967) 358—359

[29] DERMAN, C.: On optimal replacement rules when changes of state are Markovian; Chapt. 9 in: Math. Optim. Techniques (ed.: R. BELLMANN), Univ. Calif. Press, Berkeley 1963

[30] DERMAN, C.: Optimal replacement and maintenance under Markovian deterioration with propahilistic bounds on failure, Managm. Science **9** (1963) 3, 478—481

[31] DERMAN, C.: Finite state Markovian decision processes, Academic Press New York, London 1970

[32] DERMAN, C.; KLEIN, M.: Surveillance of multi-component systems: a stochastic traveling salesman's problem, Nav. Res. Log. Quart. **13** (1966) 2, 103—111

[33] DOOB, J. L.: Renewal theory from the point of view of the theory of probability, Trans. Amer. Math. Soc. **63** (1948) 438—442

[34] DRANICIN, S. P.: Optimalnaja profilaktika složnych energetičeskich sistem, Izv. ANSSSR, Energetika i transport, **1** (1967) 92—102

[35] DUNCAN, J., SCHOLNICK, L. S.: Interrupt and opportunistic replacement strategies for system of deteriorating components, Oper. Res. Quart. **24** (1973) 2, 271—283

[36] ECKLES, J. E.: Optimum maintenance with incomplete information, Journ. Oper. Res. Soc. Am. **16** (1968) 5, 1058—1067

[37] EPPEN, G. D.: A dynamic analysis of a class of deteriorating systems, Managm. Science **12** (1965) 3, 223—240

[38] FELLER, W.: An introduction to probability theory and its applications II, J. Wiley & Sons, New York—London—Sydney 1966

[39] FISZ, M.: Wahrscheinlichkeitsrechnung und Mathematische Statistik, VEB Deutscher Verlag d. Wiss., Berlin 1970

[40] Fox, B. L.: Age replacement with discounting, Journ. Oper. Res. Soc. Am. **14** (1966) 533—537

[41] Fox, B. L.: Adaptive age replacement, Journ. Math. Anal. Applic. **18** (1967) 365—376

[42] GARKAVI, A. L., GOGOLEVSKIJ, V. B., GRABOVECKIJ, V. P.: Nadežnost' kontroliruemych vosstanavlivaemych ustrojstv

s vremennoj izbytočnost'ju, Sbornik „Teorija nadežnosti i massovoe obsluživannie", 108—118, Izd. „Nauka",
Moskva 1969

[43] GERCBACH, I. B.: Formulirovka nekotorych optimal'nych
zadač teorii nadežnosti, Ivz. AN LSSR 8 (1963) 25—31

[44] GERCBACH, I. B.: Optimal'nye režimy vosstanovlenija
gruppy odnotipnych elementov v avtomatičestkoj sisteme,
Sbornik „Avtomizacija proizvodstvennych processov v
mašino-i priborosroenii" 5—21, Riga 1964

[45] GERCBACH, I. B.: Modeli profilaktiki, Izd. „Sovetskoe radio",
Moskva 1969

[46] GERCBACH, I. B.: Profilaktika ob'ektov s mnogomernym
opisaniem techničeskovo sostojanija, Izv. AN SSSR, Techn.
kibernetika 5 (1972) 91—95

[47] GIRLICH, H.-J.: Diskrete stochastische Entscheidungsprozesse, BSB B. G. Teubner Verlagsges., Leipzig 1973

[48] GLASSER, G. J.: The age replacement problem, Technometrics 9 (1971) 83—91

[49] GNEDENKO, B. V.: O dublirovanii s vosstanovleniem, Izv.
AN SSSR, Techn. kibernetika 5 (1964)

[50] GNEDENKO, B. W.; BELJAEW, J. K., SOLOWJEW, A. D.:
Mathematische Methoden in der Zuverlässigkeitstheorie I,
II, Akademie-Verlag, Berlin 1968

[51] GNEDENKO, B. W., KOWALENKO, J. N.: Einführung in die
Bedienungstheorie, Akademie-Verlag, Berlin 1971

[52] GRAF, U., HENNING, H.-J., STANGE, K.: Formeln und Tabellen der Mathematischen Statistik, Springer-Verlag, Berlin—
Heidelberg—New York 1966

[53] HASTINGS, N. A. J.: The repair limit replacement method,
Oper. Res. Quart. 20 (1969) 3, 337—350

[54] HENIN, C.: Optimal replacement policies for a single loaded
sliding standby, Managm. Science 18 (1972) 11, 706—715

[55] HERMANN, H.: Glättungseigenschaften der Faltung, Wiss.
Zeitschr. Friedr.-Schiller-Univ. Jena, Math.-Nat.-Reihe,
14 (1966) 5, 221—234

[56] HOEFFDING, W.: The extrema of the expected value of a
function of independent random variables, Ann. Math.
Stat. 26 (1955) 268—275

[57] HOWARD, R. A.: Dynamic programming and Markov processes, M. J. T. Press, Cambridge, Massachusetts 1960

[58] HOWARD, R.: Semi-Markovian decision processes, Bull.
Inst. Internat. Statist. 40 (1963) 625—652

[59] Howard, R. A.: Dynamic probalistic systems; vol. I: Markov models, J. Wiley & Sons, New York 1971

[60] Hunter, L. C., Proschan, F.: Replacement when constant failure rate precedes wearout, Nav. Res. Log. Quart. 8 (1961) 2, 127—136

[61] Hsu, J. I. S.: An empirical study of computer maintenance policies, Managm. Science 15 (1968) 4, B-180-B-195

[62] Ignatov, V. A., Man'šin, G. G., Kostanovskij, V. V.: Elementy teorii optimal'nogo obsluživanija techničeskich izdelij, Izd. „Nauka i technika", Minsk 1974

[63] Isphording, U.: Zur Theorie der optimalen Wartung technischer Anlagen, Archiv electr. Übertrag. 20 (1966) 11, 637—646

[64] Jahnke, E., Emde, F., Lösch, F.: Tafeln höherer Funktionen, Teubner-Verl., Stuttgart 1960

[65] Jewell, W. S.: Markov-renewal programming I, II, Journ. Oper. Res. Soc. Am. 11 (1963) 938—971

[66] Jorgenson, D., Radner, R.: Optimal replacement and inspection of stochastically failing equipment, in: Studies in Appl. Prob. and Managm. Science (ed.: Arrow, Karlin, Scarf), Stanf. Univ. Press, Stanford, Calif. 1962

[67] Jorgenson, D. W., Mc Call, J. J., Radner, R.: Optimal replacement policy, North-Holland Publ. Comp., Amsterdam 1967

[68] Kalman, P. J.: A stochastic constrained optimal replacement model: the case of ship replacement, Journ. Oper. Res. Soc. Am. 20 (1972) 2, 327—334

[69] Kalymon, B. A.: Machine replacement with stochastic costs, Managm. Science 18 (1972) 5. p. I, 288—298

[70] Kamien, M. I., Schwartz, N. L.: Optimal maintenance and sale age for a machine subject to failure, Managm. Science 17 (1971) 8, B-495-B-504

[71] Kander, Z., Naor, P.: Optimization of inspection policies by classical methods, Developm. Oper. Res. 1, Proc. 3 rd annual, Israel Conf. Oper. Res. 1969, 191—208 (1971)

[72] Klein, M.: Inspection-maintenance-replacement schedules under Markovian deterioration, Managm. Science 9 (1962) 1, 25—32

[73] Kolesar, P.: Minimum cost replacement under Markovian deterioration, Managm. Science 12 (1966) ser. A, 694—706

[74] Kolesar, P.: Randomized replacement rules which maximize the expected cycle length of equipment subject to

Markovian deterioration, Managm. Science **13** (1967) Ser A., 867—876

[75] KOPELEVIC, B. M.: Zadača optimizacii profilaktiki na. konečnom vremeni, Avtomatika i vycisl. technika **6** (1967) 45—50

[76] KOPELEVIC, B. M.: Profilaktičeskie obsluživanie složnych sistem, Avtomatika i vycisl. technika **1** (1971) 37—42

[77] KULSHRESTHA, D. K.: Reliability with preventive maintenance, Metrika **19** (1972) Fasc. 2—3, 216—226

[78] LAMBE, TH. A.: The decision to repair or scrap a machine, Oper. Res. Quart. **25** (1974) 1, 99—110

[79] LEBEDINCEVA, E. P.: O periodičeskoij profilaktike s geometričeskim raspredeleniem častota zameščenija, Kibernetika (Kiev) **3** (1969) 43—45

[80] LEBEDINCEVA, E. P.: Raspredelenie funkcii stoimosti poter' v zadačach kontrolja i profilaktiki, Kibernetika (Kiev) **5** (1969) 118—121

[81] LEONT'EV, L. P.: Ocenka madežnosti apparatury pri učete profilaktiki s nepol'nym ustraneniem nakoplennych narušenij, Avtomatika i vycisl. technika **1** (1967) 33—39

[82] LEONT'EV, L. P.: Ocenka kriteriev vybora optimal'nych charakteristik profilaktiki, Avtomatika i vycisl. technika **3** (1967) 47—52

[83] LUSS, H., KANDER, Z.: Inspection policies when duration of checkings is non — negligible, Oper. Res. Quart. **25** (1974) 2, 229—309

[84] MAKABE, H., MORIMURA, H.: A new policy for preventive maintenance, Journ. Oper. Res. Soc. Japan **5** (1963) 3, 110—124

[85] MAKABE, H., MORIMURA, H.: On some preventive maintenance policies, Journ. Oper. Res. Soc. Japan **6** (1963) 1, 17—47

[86] MAKABE, H., MORIMURA, H.: Some considerations on preventive maintenance policies with numerical analysis, Journ. Oper. Res. Soc. Japan **7** (1965) 4, 154—171

[87] MANDL, P.: An identity for Markovian replacement processes, Journ. Appl. Prob. **6** (1969) 348—354

[88] MANDL, P.: Some results on Markovian replacement processes, Journ. Appl. Prob. **8** (1971) 357—365

[89] v. MANGOLDT-KNOPP: Einführung in die höhere Mathematik III, S. Hirzel-Verlag, Leipzig 1970

[90] MARATHE, V. P., NAIR, K. P. K.: On multistage replace-

ment strategies, Journ. Oper. Res. Soc. Am. **14** (1966) 5, 537—538

[91] MARSHALL, A., PROSCHAN, F.: Classes of distributions applicable in replacement with renewal theory implications, Proc. 6 th Berkeley Symp. Math. Stat. and Prob., Univ. Calif. 1970, v. 1, 395—415, Berkeley—Los Angeles 1972

[92] MARSHALL, K. T.: Linear bounds on the renewal function, SIAM Journ. Appl. Math. **24** (1973) 2, 245—249

[93] MATTHES, K.: Ergodizitätseigenschaften rekurrenter Ereignisse I, Mathem. Nachr. **24** (1962) 2, 109—119

[94] MINE, H., ASAKURA, T.: The effect of an age replacement to a standby redundant system, Journ. Appl. Prob. **6** (1969) 516—523

[95] MORIMURA, H.: On some preventive maintenance policies for IFR, Journ. Oper. Res. Soc. Japan **12** (1970) 3, 94—124

[96] MÜLLER, P. H., NEUMANN, P., STORM, R.: Tabellen der mathematischen Statistik, VEB Fachbuchverlag, Leipzig 1973

[97] MUNFORD, A. G., SHAHANI, A. K.: A nearly optimal inspection policy, Oper. Res. Quart. **23** (1972) 373—379

[98] MUNFORD, A. G., SHAHANI, A. K.: An inspection policy for the Weibull case, Oper. Res. Quart. **24** (1973) 3, 453—458

[99] MAIK, M. D., NAIR, K. P.: Multistage replacement strategies, Journ. Oper. Res. Soc. Am. **13** (1965) 2, 279—290

[100] NAKAGAWA, T., OSAKI, SH.: The optimum repair limit replacement policies, Oper. Res. Quart. **25** (1974) 2, 311 bis 317

[101] OESTERER, D.: Optimale Ersatzstrategie für ein System aus reparierbaren Elementen bei vorgegebener Verfügbarkeit, Zeitschr. Oper. Res. Praxis **16** (1972) B 31—B 40

[102] OSAKI, S.: System reliability analysis by Markov renewal processes, Journ. Oper. Res. Soc. Japan **12** (1970) 127—188

[103] OSAKI, S., ASAKURA, T.: A two-unit standby redundant system with repair and preventive maintenance, Journ. Appl. Prob. **7** (1970) 461—648

[104] PAGUROVA, V. U.: Tablicy nepol'noj Γ-funkcii, Vyčisl. centr AN SSSR, Moskva 1964

[105] PEARSON, K : Tables of the incomplete gamma function, Cambridge University Press, London 1922

[106] PEŠES, L. JA., STEPANOVA, M. D.: Modeli uskorennych, ispymanij, Izv. AN SSSR, Techn. kibernetika **3** (1968)

[107] PODLENA, S. A.: Opredelenie optimal'nogo raspisanija profilaktiki odnoj složnoj sistemy nepreryvnogo dejstvija, Izv. AN SSSR, Techn. kibernetika 6 (1966)

[108] RAIKIN, A. L.: Verojatnostnye modeli funktionirovanija rezervirovannych ustrojstv, Ivz. „Nauka", Moskva 1971

[109] RINNE, H.: Untersuchungen über optimale Präventivstrategien in der Instandhaltung, Zeitschr. f. Oper. Res. Praxis 17 (1973) B 13—B 24

[110] RINNE, H.: Strategien der Instandhaltung (Ein Beitrag zur statistischen Theorie der Zuverlässigkeit), Meisenheim 1972

[111] ROŽDESTVENSKIJ, D. V., FANARŽI, G. N.: Nadežnost' dublirovannoj sistemy s vosstanavleniem i profilaktičeskim obsluživaniem, Izv. AN SSSR, Techn. kibernetika 3 (1970) 61—66

[112] ROSS, S. M. A.: A Markovian replacement model with a generalization to include stocking, Managm. Science 15 (1969) 11, 702—725

[113] ROSS, S. N. A.: Average cost semi-Markov decision processes, Journ. Appl. Prob. 7 (1970) 649—656

[114] SASIENI, M. W.: A Markov chain process in industrial replacement, Oper. Res. Quart. 7 (1956) 4, 148—155

[115] SCHEAFFER, R. L.: Optimum age replacement policies with an increasing cost factor, Technometrics 13 (1971) 1, 139—144

[116] SCHOENBERG, I. J.: On Pólya frequency functions I. The totally positive functions and their Laplace-transforms, Journ. d' Analyse Mathem., Jerusalem 1 (1951) 331—374

[117] SMITH, W. L.: Asymptotic renewal theorems, Journ. Royal Stat. Soc. 20 (1958) 243—284

[118] SOLOV'EV, A. D.: Opredelenie optimal'nych profilaktiki dlja sistemy s rezervom, Sbornik „Prikladnye zadači techničeskoj kibernetiki", 182—190, Izd. „Sovetskoe radio", Moskva 1966

[119] STEPANOV, S. V.: Profilaktičeskie raboty i sroki ich provedenija, Izd. „Sovetskoe radio", Moskva 1972

[120] STÖRMER, H.: Mathematische Theorie der Zuverlässigkeit, Akademie-Verlag, Berlin 1970

[121] SULTANOVA, D. CH.: Asimptotičeskie zadači dlja sistemy s profilaktikoi i vosstanovleniem neskol'kich tipov, „Naucn. tr. Taskent. un-ta", vyp. 407 (1972) 116—122

[122] Takacs, L.: Introduction to the theory of queues, Oxford University Press, New York 1962

[123] Taylor, H.: Markovian sequential replacement proces, Ann. Math. Stat. **36** (1965) 1677—1694

[124] Urban, U.: Numerische Auswertung eines Inspektionsmodells der Zuverlässigkeitstheorie, unveröff. Manuskript, Bergakademie Freiberg 1975

[125] Vergin, R.: Optimal renewal policies for complex systems, Nav. Res. Log. Quart. **15** (1968) 4, 523—534

[126] Veroli, di J. C.: Optimal continuous policies for repair and replacement, Oper. Res. Quart. **25** (1974) 1, 89—97

[127] Wagner, H. M., Giglio, R. J., Glaser, R. G.: Preventive maintenance scheduling by mathematical programming, Managm. Science **10** (1964) 2, 316—334

[128] Weiss, G. H.: On the theory of replacement of machinery with a random failure time, Nav. Res. Log. Quart. **3** (1956) 4, 279—293

[129] Wolff, M.: Optimale Instandhaltungspolitiken in einfachen Systemen, Springer-Verlag, Berlin—Heidelberg— New York 1970

[130] Woodman, R. C.: Replacement rules for single and multicomponent equipment, Appl. Statistics **18** (1969) 1, 31—40

[131] TGL 26096, Bl. 1: Zuverlässigkeit in der Technik, Begriffe 1972

Verzeichnis der verwendeten Symbole und Formelzeichen

$A(t)$ Verteilungsfunktion der geplanten Zeit bis zur prophylaktischen Erneuerung (Abschnitt 6.2.)

α Verteilungsparameter; Diskontfaktor

$B(t)$ Verteilungsfunktion der Dauer einer prophylaktischen Erneuerung (Abschnitt 6.2.)

b Erneuerungskosten im Inspektionsmodell

β Verteilungsparameter

C Verlustkosten je Periode

c Kosten einer Inspektion

c_h, c_p Kosten einer Havarie- bzw. prophylaktischen Erneuerung

c_u Kosten einer unvollständigen Erneuerung

$D^2(X)$ Varianz einer Zufallsgröße X

d_h, d_p Zeitdauer einer Havarie- bzw. prophylaktischen Erneuerung

d Zeitdauer einer Erneuerung im Inspektionsmodell

δ_k Zeitdauer zwischen der k-ten und $(k + 1)$-ten Inspektion

(E) Eigenschaft eines komplizierten Systems (S. 108)

$E(X)$ Erwartungswert einer Zufallsgröße X

η_t Vorwärtsrekurrenzzeit

$F(t)$ Verteilungsfunktion der Lebenszeit

$F_x(t)$ Verteilungsfunktion der restlichen Lebenszeit

$f(t)$ Verteilungsdichte der Lebenszeit

$(F{*}G)\,(t)$ Faltung zweier Funktionen F und G

$F^{(n)*}\,(t)$ $(n - 1)$-fache Faltung von F mit sich selbst

$G(t)$ Verteilungsfunktion einer Lebenszeit (Abschnitt 5); Verteilungsfunktion einer Havarieerneuerung (Abschnitt 6.2.)

$\Gamma(x)$ Gammafunktion

$\Gamma_t(x)$ unvollständige Gammafunktion

HE   Havarieerneuerung
$H(t)$ Erneuerungsfunktion
$h(t)$ Erneuerungsdichte
$H(S, F)$ mittlere Verlustkosten je Periode im Inspektionsmodell mit Erneuerung

$K(\tau)$ mittlere Verlustkosten je Zeiteinheit
$K(S, F)$ totale Verlustkosten im Inspektionsmodell ohne Erneuerung
$K(S)$ (partielle) Minimaxverlustkosten im Inspektionsmodell ohne Erneuerung

L Länge einer Periode
$L(S, F)$ mittlere Länge einer Periode im Inspektionsmodell mit Erneuerung
λ Verteilungsparameter

$N(t)$ zufällige Anzahl von Erneuerungen in $(0, t)$

μ mittlere Lebenszeit

$o(x)$ LANDAUsches Ordnungssymbol

PD_2 POLYA-Dichte der Ordnung 2
PE prophylaktische Erneuerung
PHE   prophylaktische Havarieerneuerung
$\hat{\pi}$ Maximum-Likelihood-Schätzung eines Parameters π
$\{\pi_i\}$ stationäre Anfangsverteilung einer homogenen, diskreten MARKOFFschen Kette

R Entscheidungsstrategie
$R_t(x)$ Verteilungsfunktion der Rückwärtsrekurrenzzeit
$r_t(x)$ Verteilungsdichte der Rückwärtsrekurrenzzeit

S Inspektionsstrategie (Abschnitt 5); Erneuerungsstrategie (Abschnitt 7.2.)
$S^{(\delta)}$ streng periodische Inspektionsstrategie mit dem Inspektionsintervall δ
σ^2 Varianz der Lebenszeit
σ_i Erneuerungsstrategie des Elements e_i eines komplizierten Systems

τ geplante Zeit bis zur prophylaktischen Erneuerung

UE   unvollständige Erneuerung

VE   vollständige Erneuerung
$V(\tau)$ Verfügbarkeit
$V(\sigma_1, \sigma_2, \ldots, \sigma_n)$ Verfügbarkeit eines komplizierten Systems bei Anwendung der Erneuerungsstrategien $\sigma_i, i = 1, 2, \ldots, n$

$V(S, F)$	mittlere Verlustkosten je Zeiteinheit im Inspektionsmodell mit Erneuerung
$V(S)$	(partielle) Minimaxverlustkosten je Zeiteinheit im Inspektionsmodell mit Erneuerung
VFL	Verteilungsfunktion der Lebenszeit
$V_t(x)$	Verteilungsfunktion der Vorwärtsrekurrenzzeit
$v_t(x)$	Verteilungsdichte der Vorwärtsrekurrenzzeit
X	Lebenszeit
Y	Dauer einer Havarieerneuerung (Abschnitt 6.2.)
Z	Dauer einer prophylaktischen Erneuerung (Abschnitt 6.2.)

Sachverzeichnis

DIETER KÖNIG / DIETRICH STOYAN

Methoden der Bedienungstheorie

(Wissenschaftliche Taschenbücher, Reihe Mathematik/Physik)

1976. VI, 187 Seiten — 10 Abbildungen — 5 Tabellen — kl. 8°
8,— M
Bestell-Nr. 762 207 7 (7143)

Die Autoren legen in diesem Taschenbuch wesentliche „klassische" und neuere mathematische Methoden, insbesondere auch Näherungsverfahren und -formeln sowie Abschätzungen, zur Behandlung von Bedienungsmodellen und auch bestimmter Zuverlässigkeitsmodelle dar. Sie führen zu den einzelnen Methoden ausführliche Beispiele an, so daß wichtige Klassen von Bedienungsmodellen erfaßt werden.

Ihr Buchhändler hält alle Wissenchaftlichen Taschenbücher für Sie bereit!

AKADEMIE-VERLAG · BERLIN